新花镜
New Mirror of Flowers

琪 林 瑶 华
Stories of Exotic Flowers and Unusual Trees

主编 黄宏文

华中科技大学出版社
http://www.hustp.com

编委会

主　编　黄宏文

副主编　余倩霞　宁祖林　韦　强　张　征　廖景平

编著者（按姓名汉语拼音排序）

陈　磊　陈　玲　陈新兰　邓思燕　樊雪婷　郭丽秀
黄宏文　黄瑞兰　柯萧霞　黎爱民　李碧秋　李　德
李冬梅　李　琳　梁冬兰　廖景平　廖利芳　林侨生
林燕媚　凌诗媛　刘　华　刘银至　卢进英　卢琼妹
马　玲　倪静波　宁祖林　彭晓明　王少平　韦　强
温铁龙　吴　兴　谢丽青　谢烈贤　谢振华　许炳强
许明英　杨科明　杨　云　叶育石　余倩霞　禹玉华
张静峰　张少华　张奕奇　张　征　郑菊芳　朱韵贤
邹丽娟

主　审　吴德邻　胡启明　陈贻竹

策　划　蒋厚泉

本书承

中国植物园联盟建设（KFJ-1W-N01）、中国战略生物资源科技支撑体系运行专项（CZBZX-1）、科技部基础性专项植物园迁地保护植物编目及信息标准化（2009FY120200）与植物园迁地栽培植物志编撰、广东省应用植物学重点实验室与广东省数字植物园重点实验室资助出版。

前言

春风秋月四时青，万紫千红映画屏。
南国珍奇传海外，花香鸟语满园庭。

陈封怀

　　中国被西方学者誉为"园林之母"，不仅因为得天独厚的地理环境孕育和保存着浩繁的琪林瑶华，更由于悠久灿烂的历史长河沉淀了深厚的文化底蕴。

　　在《阿长与山海经》中，鲁迅回忆幼年时在远房叔祖书房里最让他爱不释手的书是《花镜》。这本引人入胜的奇书绘有许多花草图画，是古代中国园艺学的珍贵遗产和世界著名的园艺巨著，由陈淏子（公元 1615-1703 年）于清康熙二十七年（公元 1688 年）所著，详细记载了当时的观赏植物及其栽培和利用，为后世提供了宝贵的种植之方，堪称中国园艺之瑰宝。

　　1982 年著名植物学家陈封怀教授在继承古代园艺传统基础上，推陈出新，汇集华南植物园百种知名观赏植物编著了《新花镜》。《新花镜》既有科学之内涵，复具

观赏之艺术，为观赏植物和园艺文化又添新彩。

华南植物园自创建以来，于高山之巅、沙漠之腹、雨林之丛、冰雪之下，广集世界奇花异卉。时至今日，华南植物园引进的国内外植物已逾14000余种。为推进科学教育和知识传播，为游园观赏提供资讯，亦为强化保育植物的园艺利用，华南植物园园林园艺同仁从2008年起历经四载合力编撰了时令花讯上千篇。基于此，现择观赏植物300余种编辑成册，既为游人游园观赏作指引，也为华南园林观赏植物发展提供参考。

本书之编排，按四时观赏之序列举各类植物，每种植物均附精美照片，并有中文名、拉丁学名、识别要点、用途与分布等基本信息，为探花者标明华南植物园内的观赏地点和观赏期。书中胪列了物种扩展阅读知识点，精选了陈封怀教授的部分诗作，力求自然与艺术共赏。书末还附有观赏花历、中文名和拉丁名索引，方便读者检索。

本书可供爱花人士欣赏品评，亦可为园林绿化、园艺工作者、科研机构和高等院校研究与教学参考。

2014年9月28日

Cerasus cerasoides var. *rubea* Yu et Li

红花高盆樱花

云南樱花

西府海棠

蔷薇科。落叶乔木。叶卵状披针形，托叶线形，基部羽裂；伞形花序有花 2 ~ 4 朵；萼筒和萼片皆深红色，花瓣深粉红色。开花时满树是花，见花不见叶，艳丽夺目。

用途

树形优美，花香宜人，且抗逆性强，不择土质，是难得的早春观花树种，常群植营造壮观的花林花海景观，在园林造景中值得推广。

分布

云南、西藏、福建武夷山。尼泊尔、不丹、缅甸也有。

观赏地

生物园、广州第一村、高山极地室。

❀ 花期

| 1 | 2 | 3 | 4 | 5 | 6 | 7 | 8 | 9 | 10 | 11 | 12 | 月份 |

花粉红色，近半重瓣，垂枝累累颇似红色海棠花，在昆明被称为"西府海棠"。樱花是蔷薇科樱属几种植物的统称，自然野生种仅 10 余种，园艺杂交品种繁多。樱花原产我国，多为白色、粉红色，幽香娇艳，十分美丽，花与叶同放或叶后开花。我国樱花的栽培历史悠久，秦汉时期已在宫苑内栽培樱花，唐朝时樱花已普遍出现在私家庭院。【唐】白居易诗"小园新种红樱树，闲绕花枝便当游"，便是描述樱花盛开的景况。古诗有云："十日樱花作意开，绕花岂惜日千回""樱花落尽阶前月，象床愁倚薰笼""摇袖立，春风急，樱花杨柳雨凄凄。柳色青堪把，樱花雪未干。"唐代万国来朝，日本朝拜者于公元 710-794 年从我国引种樱花，公元 1603-1867 年普及平民百姓中，被尊为日本国花。日本最早描绘樱花的专著《樱谱》发表于公元 1710 年。

Camellia semiserrata C. W. Chi

广宁红花油茶
南山茶

山茶科。常绿小乔木。树冠卵球形。叶互生，革质，边缘上半部有锯齿。花红色，单生枝顶；花芽被黄褐色短绒毛。蒴果卵球形，直径 4 ~ 8cm，果皮厚木质，厚 1 ~ 2cm。

用途
为早春观花、入秋赏果的优良园林乡土树种，也是优良的食用油料植物。

分布
广东肇庆广宁、德庆、封开、阳春等地。

观赏地
山茶园、标本园。

✿ 花期

| 1 | 2 | 3 | 4 | 5 | 6 | 7 | 8 | 9 | 10 | 11 | 12 | 月份 |

🌰 果期

| 1 | 2 | 3 | 4 | 5 | 6 | 7 | 8 | 9 | 10 | 11 | 12 | 月份 |

模式标本采自广东肇庆广宁县，故名广宁红花油茶；是我国栽培的红花油茶种类中果实最大、果壳最厚的种类。我国栽培山茶花的历史悠久，西汉中叶王褒的《僮约》中即已有"烹茶"的记载，南朝开始已有山茶花的栽培，公元758年左右唐代陆羽所著的《茶经》是世界上第一部关于茶的专著。隋唐时期山茶花已进入寻常百姓庭院，宋代栽培山茶花已十分盛行，有"门巷欢呼十里寺，腊前风物已知春"的盛况。明代崇祯年间吴彦匡著《花史》对山茶花品种进行描写分类。清代栽培山茶花更盛，茶花品种不断问世。日本于7世纪初就从中国引种茶花，到15世纪初大量引种中国山茶花品种，19世纪引入中国种茶技术。1739年英国首次引种中国山茶花，以后山茶花传入欧美各国。

Strelitzia reginae Banks

鹤望兰

天堂鸟
极乐鸟

新几内亚和澳洲地区有一种鸟，名为"天堂鸟"，由于"鹤望兰"花的唇瓣与"天堂鸟"的羽毛相似，故鹤望兰又名"天堂鸟"。

旅人蕉科。多年生草本。叶从地下茎发出，蓝绿色，中脉红色。花橙黄色，有2枚直立而尖的花瓣，雄蕊5枚，蓝色；外有一舟形苞片，绿色，边紫色。

用途
世界十大名贵切花之一。也可盆栽，常置宾馆接待大厅或大型会议室，极具清新、高雅之感。在南方可丛植院角，或点缀花坛中心。

分布
原产非洲南部。我国南方有栽培，北方则温室栽培。

观赏地
姜园、经济植物区、木本花卉区、热带雨林温室。

❀ 花期

1	2	3	4	5	6	7	8	9	10	11	12	月份

Strobilanthes cusia (Nees) Kuntze

南板蓝根

马蓝
板蓝
大青叶

爵床科。多年生亚灌木。叶柔软，纸质，椭圆形或卵形，边缘具锯齿。花冠管状，微呈二唇形，淡紫色。果实为蒴果，种子卵形。

用途

叶含有抗癌成分靛玉红及靛贰、异靛蓝等；也可提取蓝色染料，用以染布。干燥根、茎入药，有清热解毒、凉血消肿的功效，可治中暑、感冒、各种炎症、疮疖等。

分布

我国东南和西南一带。印度、日本九州、中南半岛也有。

叶含蓝靛染料，在合成染料发明以前，我国中部、南部和西南部都栽培作染料。因适应性强，现在上述地区多已归化野生。通常所谓板蓝根又称北板蓝根，为十字花科植物菘蓝（*Isatis tinctoria*）的干燥根，味微甜而苦涩；南板蓝根为爵床科植物马蓝的根及根茎，在南方地区亦作板蓝根使用。

观赏地

药园。

❀ 花期

| 1 | 2 | 3 | 4 | 5 | 6 | 7 | 8 | 9 | 10 | 11 | 12 | 月份 |

Campanula medium L.

风铃草

挂钟草
帽筒花

桔梗科。草本花卉，株高 60～90cm。花顶生，钟状的花朵像一串在寒风中瑟瑟作响的风铃，花色有粉红、蓝紫、纯白三种。

用途
适合北方庭园观赏栽培，常用作切花，也是优良的盆栽观花植物。

分布
原产欧洲南部。

观赏地
高山极地室。

🌼 花期

1	2	3	4	5	6	7	8	9	10	11	12	月份

花朵钟状似风铃，花色明丽素雅，在欧洲十分盛行，是春末夏初小庭园中常见的草本花卉，常用以表达健康、温柔的爱。风铃草颜色鲜艳，品种繁多，除具有较高的观赏价值外，还具有药用效果，是极具应用价值的草本花卉。

Aloe barberae
Dyer

大树芦荟
杜树芦荟
巴伯芦荟

百合科。常绿乔木，株高可达 18m，胸径达 0.9m。树冠伞形；叶肉质，深绿，内弯，聚生枝端，莲座状排列。总状花序圆柱形；花朵管状，淡粉红色，先端绿色。

用途
树干粗壮，树形优美，枝叶之间群花盛开，优雅动人，可作庭园观赏树。

分布
原产南非。

观赏地
奇异植物室、沙漠植物室。

❀ 花期

1	2	3	4	5	6	7	8	9	10	11	12	月份

是非洲最高大的芦荟，生性强健，在南非各大城市都有栽培。因其树干粗大，庭园栽培可形成独特的景观，蔚为壮观。

Aloe marlothii A. Berger

鬼切芦荟
山芦荟
平花芦荟

是单茎的大型南非芦荟，生于岩石或开阔平坦地区。完全开花时宏伟壮观，花色从黄色至橙色、亮红色，整个冬季色彩斑斓。

百合科。多肉植物。是芦荟中较大型的种类，高 2 ~ 4m。叶肉质，长约 1m，灰绿色，边缘有尖刺。金黄色的花箭艳丽醒目，小花密密层层聚在一起，排列似香蕉。

用途
园林观赏。

分布
原产非洲博茨瓦纳与南非。

观赏地
沙漠植物室。

❀ 花期

| 1 | 2 | 3 | 4 | 5 | 6 | 7 | 8 | 9 | 10 | 11 | 12 | 月份 |

Rhodoleia championii Hook. f.

红花荷

红苞木
吊钟王

假头状花序下垂，形似吊钟花，但较大，故亦称为"吊钟王"，极具观赏价值。1849年由Champion船长首次在中国香港发现。在香港红花荷是受保护植物。明代广东高州有红荷姑娘与邻村小伙炼木爱情故事的美丽传说。

金缕梅科。常绿小乔木。叶三出脉，上面深绿发亮，下面灰白色。头状花序，花色大红，被四或五轮棕红色的覆瓦状苞片所围绕，形似吊钟。

用途
花色火红，花期较长，适宜于庭园种植，或作生态风景林。经矮化后可成为广州地区的年宵花卉。木材材质较轻，结构细，色泽美观，可做家具、车船、胶合板和贴面板用材等。

分布
广东及香港，为岭南地区常见的乡土树种。

观赏地
广州第一村、热带雨林温室。

❀ 花期

| 1 | 2 | 3 | 4 | 5 | 6 | 7 | 8 | 9 | 10 | 11 | 12 | 月份 |

Ilex asprella
(Hook. & Arn.)
Champ. ex Benth.

秤星树
梅叶冬青
岗梅

冬青科。落叶灌木。小枝光滑呈褐色，具明显的秤星状白色皮孔。花小，白色，排成伞形花序簇生于叶腋，含苞未放时似点点雪花。果球形，成熟时黑色。

用途
园岭南习用中药，根、叶均可入药，有清热解毒之功效，为凉茶廿四味原料之一。耐修剪，园林上用作乡土灌木配植，也可作盆景养护。

分布
华南、华东和台湾等地，是常见的郊野山花。

观赏地
蒲岗自然保护区、杜鹃园、能源园。

由于生长在山岗，习性像梅花，故名"岗梅"；其小枝光滑呈褐色，貌似秤杆，皮孔似秤星，故而又名"秤星树"。

🌸 **花期**

1	2	3	4	5	6	7	8	9	10	11	12	月份

🦋 **果期**

1	2	3	4	5	6	7	8	9	10	11	12	月份

Cymbidium
traceyanum×
C. ebureneum

象牙虎头兰

兰科。由西藏虎头兰 (*Cymbidium traceyanum*) 和 象 牙 白 (*C. ebureneum*) 杂交而来。株型较大，叶带状伸展；花茎直立，花多而大，花型规整丰满，既保留了母本西藏虎头兰婀娜多姿、霸气十足的虎头形态，兼有父本象牙白的淡雅色调，色泽素雅而不失妩媚。

用途

习性强健，易于栽培，不仅可盆栽观赏，还可地栽作为高档的园林绿化植物，在中国的年花兰花市场上占有一席之地，曾多次获广东省年宵花卉展览一等奖，为华南地区具强大市场潜力的优良花卉。

虎头兰的杂交育种始于100多年前，英国园艺学家约翰·西丹采用原产于我国及东南亚地区的"象牙白"与"碧玉兰"杂交育成了"象牙碧玉兰"，开创了虎头兰杂交育种的先河。兰花是我国古老的花卉之一，为兰科植物的总称，以其独有的幽香、典雅的叶姿、四时长青的风韵独领花卉世界。兰花与菊、水仙、菖蒲并称"花草四雅"，兰居首。梅、兰、竹、菊又被称为"花中四君子"，人们称颂梅之剪雪裁冰、一身傲骨，兰之空谷幽香、孤芳自赏，竹之筛风弄月、潇洒一生，菊之凌霜自行、不趋炎势。【宋】王学贵在《兰谱》称赞兰花云："竹有节而啬花，梅有花而啬叶，松有叶而啬香，然兰独并而有之。"兰花被尊为"香祖"、"国香"、"天下第一香"。

观赏地
兰园。

❀ 花期

1	2	3	4	5	6	7	8	9	10	11	12	月份

Pyrostegia venusta(Ker Gawl.) Miers

炮仗花
黄金珊瑚
黄鳝藤

我国有 100 多年的引种栽培历史，华南植物园在 1956 年引种栽培。炮仗花是南美洲传统药用植物，在巴西被作为补药，也治疗腹泻、痢疾、白癜风以及常见呼吸道疾病，如支气管炎、流感和感冒。

观赏地
裸子植物区、苏铁园、药园、热带雨林温室、岭南郊野山花区。

11

花期

| 1 | 2 | 3 | 4 | 5 | 6 | 7 | 8 | 9 | 10 | 11 | 12 | 月份 |

紫葳科。常绿木质大藤本，有线状、3 裂卷须。小叶 2~3 枚，卵状至卵状矩圆形。花橙红色，萼钟形，有腺点，连串着生，垂挂枝头，极似鞭炮。

用途
庭园观赏藤本植物。

分布
原产中美洲，全世界温暖地区常见栽培。

Dombeya burgessiae Gerrard ex Harv.

非洲芙蓉

吊芙蓉
百铃花
热带绣球花

锦葵科。常绿大灌木。叶心形，较粗糙。开花时，长长的花轴上抽出等长的小花梗；小花20余朵，悬吊而下，极像花球。

用途
花有淡淡的香味，可供园林观赏。也是蜜源植物。

分布
原产东非及马达加斯加等地，现世界各地广泛栽培。

观赏地
木本花卉区、生物园。

❀ 花期

| 1 | 2 | 3 | 4 | 5 | 6 | 7 | 8 | 9 | 10 | 11 | 12 | 月份 |

因其叶片似木芙蓉，因原产非洲，故名"非洲芙蓉"。非洲芙蓉的属名源于法国植物学家Joseph Dombey（1742–1794年）。1777年Dombey到南美开展植物考察，采集了1500多号植物标本，其中新种60多种，存大英博物馆，是欧洲现存最完整的南美洲植物标本群之一。

Camellia petelotii (Merr.) Sealy

金花茶
多瓣山茶

山茶科。常绿灌木或小乔木，高约 2 ~ 5m。花大，金黄色，耀眼夺目，金瓣玉蕊，腊质晶莹，似有半透明之感，点缀于光亮的绿叶间，高贵雅致，无与伦比。

用途
是山茶花家族唯一具金黄色花瓣的种类，被尊称为"茶族皇后"，是培育茶花优良品种的种质基因。其花为天然色素；嫩叶亦可制茶，金花茶有提神醒脑、清肝火、解热毒、养元气的功效。老叶煎服可治痢疾，或外用清洗伤口；种子可榨油；木材坚实，纹理细致，为雕刻、细工等用材。

分布
原产广西。越南北部有分布。

国家 I 级保护植物，被誉为"植物界的大熊猫"。1843—1861 年英国探险家罗伯特·福琼四次来华寻找黄色花的山茶花，历经 20 载但未能如愿。日本人津山 1947 年在《幻想的黄色山茶花历险记》中讲述他为寻找黄色山茶花九死一生的冒险传奇，亦以失败告终。1960 年我国科学家在广西十万大山中首次发现，1965 年胡先 将其命名为"金花茶"，从此金花茶一举成名，震惊了世界园艺界。

观赏地
山茶园、凤梨园、标本园、生物园、能源园。

❀ 花期

| 1 | 2 | 3 | 4 | 5 | 6 | 7 | 8 | 9 | 10 | 11 | 12 | 月份 |

Coffea liberica W. Bull.ex Hiern

大果咖啡
利比里亚咖啡
大粒咖啡

茜草科。小乔木。叶对生，椭圆形，下面脉腋常有小窝孔。聚伞花序簇生叶腋或老枝叶痕上；花冠白色。浆果大，阔椭圆形，长 19 ~ 21mm，成熟时鲜红色。

用途
为世界三大饮料植物之一。种子即咖啡豆，经焙炒后研细得咖啡粉。

分布
原产非洲西海岸利比里亚，现广植于热带地区。广东、海南和云南均有栽培。

❀ 花期

1	2	3	4	5	6	7	8	9	10	11	12	月份

🍒 果期

1	2	3	4	5	6	7	8	9	10	11	12	月份

咖啡是咖啡豆经过烘焙制作的饮料，与茶叶和可可并称为世界三大饮料植物。商品咖啡主要有小果咖啡（*C. arabica*）、中果咖啡（*C. canephora*）和大果咖啡。大果咖啡适合高温潮湿气候，香味浓郁，味淡，是北欧人比较喜欢的咖啡类型。

中果咖啡适合海拔 200 ~ 300m 的热带气候，含咖啡因浓度高，但入口味酸、涩，大部分作为即溶咖啡。

观赏地
凤梨园、经济植物区、广州第一村、热带雨林温室。

Indigofera cassoides Rottl. ex DC.

椭圆叶木蓝

红花柴

美丽木蓝

小灌木花卉，花朵数量极多，粉红色，开花时繁花似锦。群植非常壮观，适合道路两侧种植。极耐干旱，是较好的节水园艺花卉。

蝶形花科。直立灌木。羽状复叶，小叶椭圆形或倒卵形，具小尖头，上面绿色，下面灰白色。淡紫色或紫红色的花排成总状花序，旗瓣阔卵形。荚果圆柱形。

用途
可作观花灌木植于庭园。

分布
云南、广西。巴基斯坦、印度、越南、泰国也有。

观赏地
广州第一村、能源园。

❀ 花期

1	2	3	4	5	6	7	8	9	10	11	12	月份

Jasminum mesnyi Hance

云南黄素馨

野迎春
云南迎春
金腰带

木犀科。常绿灌木。枝细长而弯垂，茎四棱形。三出复叶对生。花单朵腋生，花冠黄色，半重瓣。

用途
花大、美丽，供观赏。宜作垂直绿化配置，或丛植为成花丛或大花丛，又可槽植成绿化带、绿篱或花篱；还可盆栽摆设，美化阳台和居室。

分布
云南、四川、贵州等地。中国特有植物。

与迎春花（*J. nudiflorum*）很相似，但云南黄素馨为常绿植物，花较大，花冠裂片极开展，长于花冠管；而迎春花为落叶植物，花较小，花冠裂片较不开展，短于花冠管。迎春花与梅花、水仙和山茶花统称为"雪中四友"，是我国名贵花卉之一，栽培历史悠久。古人咏之于词章，形之于绘画，比比皆是。【唐】白居易赠杨郎中迎春诗云："金英翠萼带春寒，黄色花中有几般？凭君语向游人道，莫作蔓菁花眼看。"【北宋】韩琦题迎春花："覆阑纤弱绿条长，带雪冲寒折嫩黄；迎得春来非自足，百花千卉共芬芳。"

观赏地
棕榈园、经济植物区、热带雨林温室。

❀ 花期

1	2	3	4	5	6	7	8	9	10	11	12	月份

Passiflora moluccana var. *teysmanniana* (Miq.) Wilde

蛇王藤
两眼蛇
蛇眼藤
双目灵

西番莲科。草质藤本。花两性，花瓣5，长圆形，米白色；副花冠由许多丝状裂片组成，淡紫色，蕊柄伸出，雄蕊粗壮，花药绿豆大小，呈上下层有序排列，像一个圆形的时钟。

用途
枝蔓细长、花朵硕大、形状奇特、果形优美，是适用于庭园栽植观赏的藤本植物。植株含有多种有机酸和微量元素及胆碱等，有清热解毒、消肿止痛之功效，治毒蛇咬伤、溃疡，抗蛇毒。

分布
海南、广西、广东。老挝、越南、马来西亚也有。生长于海拔100～1000m地区的山谷灌丛中。

植物界有许多植物以"蛇"为名，或形态特殊，或具特殊的药用价值。紫葳科的蛇树，其果实弯曲，稍粗端似蛇头，稍细端如蛇尾，整体似爬行的小蛇，可治蛇伤。夹竹桃科的蛇根木（*Rauvolfia serpentina*），民间用其根治疗蛇虫咬伤，也是治疗高血压的主要药物原料。此外还有菊科蛇眼草（*Saussurea romuleifolia*）、蔷薇科蛇莓（*Duchesnea indica*）、茜草科白花蛇舌草（*Hedyotis diffusa*）、蓼科蛇不过（*Polygonum perfoliatum*）、列当科蛇箭草（*Aeginetia indica*）、荨麻科蛇麻草（*Urtica fissa*）、卫矛科南蛇藤（*Celastrus orbiculatus*）、葡萄科乌头叶蛇葡萄（*Ampelopsis aconitifolia*）等。

观赏地
热带雨林温室、药园。

❀ 花期

1	2	3	4	5	6	7	8	9	10	11	12	月份

🍂 果期

1	2	3	4	5	6	7	8	9	10	11	12	月份

Acacia farnesiana (L.) Willd.

金合欢

鸭皂树
刺球花
消息花
牛角花

含羞草科。灌木或小乔木，高 2 ~ 4m。小枝呈"之"字形，有刺。二回羽状复叶，一到晚上，小叶片就会像含羞草一样闭合。花金黄色，似小绒球，极香。荚果膨大，近圆柱形。

用途

枝条曲折、多刺，可作绿篱；开花时金黄璀璨，香味扑鼻，可植于庭园观赏。根及荚果入药能收敛、清热；花可提香精；树脂可供美工用及药用，品质较阿拉伯胶优良。

分布

原产热带美洲，现广布于热带地区。我国华南和西南地区有栽培。

1988 年 9 月 1 日金合欢被澳大利亚政府正式确立为国花，金合欢与袋鼠、鸸鹋等动植物图案构成国徽。1992 年正式确定 9 月 1 日为全澳"国家金合欢日"。在肯尼亚热带稀树草原，金合欢的空心刺为含羞草工蚁提供住所，蚂蚁还可吸允嫩芽的甜汁；当金合欢受到其他生物侵害时，蚂蚁会奋起抗击，吞食天牛的幼虫、蛰咬啃食树叶的大象或长颈鹿，以保护金合欢免受侵害。这是金合欢与蚂蚁之间的"互利共生"关系。

观赏地

抗污染植物区、生物园、澳洲园。

❀ 花期

| 1 | 2 | 3 | 4 | 5 | 6 | 7 | 8 | 9 | 10 | 11 | 12 | 月份 |

🍀 果期

| 1 | 2 | 3 | 4 | 5 | 6 | 7 | 8 | 9 | 10 | 11 | 12 | 月份 |

Rhaphiolepis umbellata
(Thunb.) Makino

厚叶石斑木
厚叶车轮梅
厚叶春花木

蔷薇科。常绿灌木，幼枝和嫩叶被褐色绒毛。叶片厚革质，全缘或有疏生钝锯齿，叶背网脉明显。圆锥花序，顶生，密生褐色柔毛。花瓣5枚，离生，白色，花蕊紫红色。梨果球形，熟时紫黑色，略被蜡质白粉。

用途
可作盆景，树冠不用修剪即自成球形。适宜在植物园和其他公共绿地种植，更适合在沿海地区盐碱地种植。

分布
我国台湾和浙江等地。日本亦有分布。

观赏地
标本园。

树形呈球形，适应性强，耐修剪，可群植为大型绿篱，极具生机盎然之美。盛花时雄蕊为黄色，后逐渐转为红色，结果时硕果累累，具明显季相变化。

❀ 花期

1	2	3	4	5	6	7	8	9	10	11	12	月份

❀ 果期

1	2	3	4	5	6	7	8	9	10	11	12	月份

Manglietia lucida B. L. Chen & S. C. Yang

亮叶木莲

木兰科。常绿乔木。叶革质，倒卵形、倒卵状椭圆形或倒披针形，两面无毛，上面亮绿色。花顶生；花被片 9 ～ 11，外轮 3 枚，紫红色带绿，内 2 轮，紫红色。聚合果近球形或卵形。

用途
树姿优美，花大艳丽，是优良的园林树种。

分布
云南东南部。

华南植物园自 2001 年开始从云南马关引种，在当地开展多次野外考察。4 ～ 6 年生植株始开花，花单生枝顶，气味清香，大而艳丽，花次第开放。傍晚时分待花开时，取其花粉人工授于柱头上，有利于提高开花结果率。

观赏地
木兰园。

🌸 花期

1	2	3	4	5	6	7	8	9	10	11	12	月份

🦋 果期

1	2	3	4	5	6	7	8	9	10	11	12	月份

Anneslea fragrans Wall.

茶梨

海南茶梨
红香树
海南红楣

山茶科。常绿小乔木。树冠塔形。叶厚革质，光亮深绿，簇生于小枝顶端。花红色，花萼肥厚。浆果近球形，上部微裂，成熟时由黄绿色转黄褐色。

用途
园林景观树种，民间常用药用植物。

分布
云南、贵州、广西、广东、海南、湖南、福建、江西等地。

观赏地
大草坪园林树木区、标本园、木本花卉区。

❀ 花期

| 1 | 2 | 3 | 4 | 5 | 6 | 7 | 8 | 9 | 10 | 11 | 12 | 月份 |

🍂 果期

| 1 | 2 | 3 | 4 | 5 | 6 | 7 | 8 | 9 | 10 | 11 | 12 | 月份 |

果实形状奇特，有"猪头果"的美称。春天开红色的小花，花果繁多，是一种适合南方种植的具有较高观赏价值的园林绿化树种。《云南思茅中草药选》记载为民间常用中药材，名"红香树"，树皮或叶入药，有清肝利湿、健胃止泻的功效。

Magnolia soulangeana Soul. -Bod.

二乔玉兰
朱砂玉兰

木兰科。落叶小乔木。叶纸质，倒卵形。花大，宽钟形，先叶开放；花被片9枚，匙形或倒卵形，外面浅红至深紫色或带浅红至深紫色斑纹，里面白色至粉红色。

用途
著名园林观赏树种，常见栽培品种有阔瓣二乔玉兰、红运二乔玉兰等。

分布
我国各地均有栽培。

观赏地
木兰园。

❀ 花期

| 1 | 2 | 3 | 4 | 5 | 6 | 7 | 8 | 9 | 10 | 11 | 12 | 月份 |

🍂 果期

| 1 | 2 | 3 | 4 | 5 | 6 | 7 | 8 | 9 | 10 | 11 | 12 | 月份 |

为白玉兰和紫玉兰的杂交种，以三国大乔、小乔喻意白玉兰与紫玉兰。玉兰花色白微碧，香味似兰，故名。玉兰是早春最具代表性的名贵花木，在我国园林栽培历史悠久，宋代艮山园已植玉兰。玉兰花其名富有诗意，其芳魂也常见于古诗中。【明】沈周《题玉兰》曰："翠条多力引风长，点破银花玉雪香。韵友自知人意好，隔帘轻解白霓裳。"既颂玉兰之美，还赞玉兰为"韵友"。【明】文徵明酷爱玉兰，有《玉兰》诗将玉兰花比作白衣飘飘的仙女与丰腴端庄的绝代佳人。

Rhaphiolepis indica(L.)Lindl.

石斑木
车轮梅
春花

属名源于希腊语，Rhaphis 意为"针形的"，lepis 意为"鳞片"，指花具狭披针形的苞片和小苞片。又被称为"印度山楂"，是美国南部的主流园艺观赏植物，常被修剪成小而紧凑的树篱或球形，但易发生叶斑病。

蔷薇科。常绿灌木。叶革质，集生于枝顶。圆锥或总状花序顶生，花瓣 5 枚，离生，白色，花心粉红色。梨果球形，紫黑色，略被蜡质白粉。

用途
植株耐修剪，适宜于植物园、公园、庭园和其他公共绿地造型应用，也可做绿篱。木材带红色，质重坚韧，可作器皿。果可食用。

分布
亚洲地区，我国南部常见。

观赏地
山茶园、药园、广州第一村。

❀ 花期

| 1 | 2 | 3 | 4 | 5 | 6 | 7 | 8 | 9 | 10 | 11 | 12 | 月份 |

🦋 果期

| 1 | 2 | 3 | 4 | 5 | 6 | 7 | 8 | 9 | 10 | 11 | 12 | 月份 |

Reinwardtia indica
Dum.

石海椒
迎春柳
金雀梅
黄亚麻

亚麻科。小灌木。枝条光滑柔软。叶纸质，单叶互生。花黄色，单朵或数朵聚生在枝条的顶端或叶腋下。盛花期叶少花多，繁花似锦。

用途
喜石灰岩土壤，在墙垣、台阶的砌缝中生长良好，具有极高的观赏性，是立体绿化中的优良用材。其枝叶入药，具有消炎解毒、清热利尿的功效。

分布
湖北、福建、广东、广西、四川、贵州和云南。

石海椒喜温暖、湿润和阳光充足的气候环境，耐热、耐旱、耐半阴。忌夏季炎热高温，冬季气温保持在 10 ~ 15℃为宜。对土壤要求不严，喜疏松肥沃、富含腐殖质而又排水良好的土壤，特别是在石灰岩形成的土壤生长良好。

观赏地
木兰园。

✿ 花期

1	2	3	4	5	6	7	8	9	10	11	12	月份

Grevillea
'Sandra Gordon'

橙黄银桦

山龙眼科。常绿小乔木。叶互生，二回羽状复叶，大而柔软，小叶线形，叶背密生白色毛茸。总状花序刷状，橙黄色。

用途
园林观赏。

分布
原产澳大利亚东海岸地区。

花形奇特，无花瓣，花萼管细长，线形或线状钥匙形，花柱长。花美丽鲜艳，花期长，是鸟类喜爱的花，并为蜜蜂提供蜜源。属名 *Grevillea* 是为纪念英国皇家园艺协会联合奠基人 *Charles Francis Greville*。

观赏地
山茶园、凤梨园、标本园、生物园、能源园。

❀ 花期

1	2	3	4	5	6	7	8	9	10	11	12	月份

Rhododendron simsii Planch.

映山红

杜鹃
山踯躅
山石榴

杜鹃花科。半落叶灌木。花序2～3朵花，花梗上被浓密的棕色贴伏刚毛；花萼深裂，裂片三角形至长卵形；花冠阔漏斗形，鲜红色，上部裂片具深红色斑点。

用途
观赏价值高。全株供药用，有行气活血、补虚之效，用以治疗内伤咳嗽、肾虚耳聋、月经不调、风湿等疾病。

分布
江苏、安徽、浙江、江西、福建、台湾、湖北、湖南、广东、广西、四川、贵州和云南。

观赏地
杜鹃园、北门广场、药园、热带雨林温室。

花期

| 1 | 2 | 3 | 4 | 5 | 6 | 7 | 8 | 9 | 10 | 11 | 12 | 月份 |

盛花时节，花朵密集，竞相辉映，蔚为壮观，有"木本花卉之王"的美誉，因花开时映照满山皆红而得名。"映山红"是"杜鹃啼血，子归哀鸣"典故的出处。【唐】李白诗云："蜀国曾闻子规鸟，宣城还见杜鹃花；一叫一回肠一断，三春三月忆三巴"，咏颂杜鹃鸟与杜鹃花终身不弃的爱恋。【唐】白居易赞杜鹃花："花中此物似西施，芙蓉芍药皆嫫母；回看桃李都无色，映得芙蓉不是花"，故得"花中西施"之美誉。【宋】杨万里诗云："何须名苑看春风，一路山花不负侬。日日锦江呈锦样，清溪倒照映山红。"

Mucuna birdwoodiana Tutcher

禾雀花

白花油麻藤
雀儿花

相传数百年前，"八仙"之一的铁拐李来到人间，看见稻田的谷穗被一大群禾雀吃光，农民颗粒无收，顿生怜悯之心，便用山藤将禾雀束缚，弃之于山野间，仅于每年清明节前后庄稼青黄不接之时才将禾雀放飞，于是便有了这三春烟雨中玲珑可爱的禾雀花。

蝶形花科。大型常绿木质藤本。花序悬挂于悠长盘曲的老茎上，吊挂成串，酷似无数白中带翠、如玉温润的小鸟栖息在枝头，神形兼备，十分有趣。

用途
花的外形与禾雀极为相似，且受伤的时候还会"流血"，是世间难得一见的奇花，极具观赏性。此外，新鲜花朵味道甘甜可口，可作佐肴的时菜；晒干的禾雀花药用，可降火、清热气。种子也可供药用。

分布
江西、福建、广东、广西、贵州、四川等省区。

观赏地
蕨园、药园、木本花卉区、广州第一村。

❀ 花期

| 1 | 2 | 3 | 4 | 5 | 6 | 7 | 8 | 9 | 10 | 11 | 12 | 月份 |

Mucuna sempervirens Hemsl.

常春油麻藤

紫花油麻藤
紫色禾雀花
牛马藤

蝶形花科。大型常绿木质藤本，其藤茎常如巨蟒般盘绕在大树上。开花较早，花冠深紫色或紫红色，略小于白色禾雀花；一串串吊挂在老茎上，宛如紫色宝石，高贵典雅，瑰丽非凡。

用途
除观赏外，茎藤可药用，有活血去瘀，舒筋活络之效；茎皮可织草袋及造纸；块根可提取淀粉；种子可榨油。

分布
四川、贵州、云南、陕西南部、湖北、浙江、江西、湖南、福建、广东、广西。

观赏地
蕨园、药园、广州第一村。

❀ 花期

1	2	3	4	5	6	7	8	9	10	11	12	月份

花萼密被绒毛，花冠深紫色或紫红色，因而又名"紫色禾雀花"。花朵较白花油麻藤的略小，藤茎可长达25m，具有很强的缠绕特性，主藤缠绕被攀沿的树干，如巨蟒盘绕而上，依靠扎入土壤的根系争夺养料和水分，最终能把附着的植物绞杀而亡，是一种绞杀植物。

Alpinia hainanensis 'Shengzhen'

升振山姜

姜科。为草豆蔻和小草蔻的杂交品种。草本，植株丛生。花序直立，开花密度高；花大亮丽，苞片鲜红色，唇瓣黄色，带红色条纹。

用途
园艺性状优良，极具观赏价值，适合在庭园、公园、行道树中间以及其他公共绿地种植供绿化、美化和观赏。

为华南植物园陈升振选育而成的新品种。为纪念陈升振对姜科植物引种的贡献，特将此杂交种命名为升振山姜。

观赏地
姜园、热带雨林温室。

❀ **花期**

| 1 | 2 | 3 | 4 | 5 | 6 | 7 | 8 | 9 | 10 | 11 | 12 | 月份 |

Rhododendron delavayi Franch.

马缨杜鹃

马缨花
密筒花

在云贵川高山峡谷地区，马帮是交通不发达时的主要物流方式。赶马人常给驮马头挂上鲜红的璎珞，名之曰"马缨"。花朵硕大的马缨杜鹃因其红艳与马缨相似而得名。彝族人认为马缨花是被反抗土司暴行而以身殉难的彝家姑娘梅维鲁的鲜血染红的，故每年农历二月初八马缨花盛开之时都要过"马缨花节"，以纪念梅维鲁。

杜鹃花科。常绿灌木至小乔木。树皮呈规则片状剥落。叶革质，长圆状披针形，背面密被灰白色薄绒毛。伞形花序式总状花序顶生，花朵密集；肉质花冠钟形，深玫瑰红色，大而美丽。

用途

为杜鹃花中的佼佼者，在国际花卉市场上享有盛誉。花可入药，性味苦凉，有清热解毒，止血调经之效。木材淡红色，质脆，当地人用来制木碗。

分布

云南、贵州、广西等省区。

观赏地

高山极地室

❀ 花期

| 1 | 2 | 3 | 4 | 5 | 6 | 7 | 8 | 9 | 10 | 11 | 12 | 月份 |

Synsepalum dulcificum
(Schumach. & Thonn.)Daniell

神秘果
变味果

山榄科。常绿灌木。叶革质，倒卵形，互生。花果芳香无比。小浆果外表光滑，成熟时橙红色，果实具宿存花柱，内有一种子和少量白色甜味的果肉。

用途
果肉中含有神秘果素（Miraclin），是一种糖蛋白，可将酸度高的果实转化成琼浆玉露般的甘甜。果实、叶片或浓缩锭剂可缓解高血糖、高血压、高血脂、痛风、尿酸、头痛等症。果汁涂抹于蚊虫叮咬处能消炎消肿。种子可解心绞痛、喉咙痛、痔疮等症。

分布
原产西非。

1963 年 6 月华南植物园陈封怀等赴西非访问，引种植物 59 科 159 种，其中包括神秘果等珍贵植物。1964 年 9 月加纳使馆向华南植物园赠送了神秘果种子。神秘果是国宝级的珍贵植物，不管是西非各国还是我国，都受到保护，禁止出口。

观赏地
凤梨园、药园、经济植物区、生物园、热带雨林温室。

🌸 花期

| 1 | 2 | 3 | 4 | 5 | 6 | 7 | 8 | 9 | 10 | 11 | 12 | 月份 |

🍂 果期

| 1 | 2 | 3 | 4 | 5 | 6 | 7 | 8 | 9 | 10 | 11 | 12 | 月份 |

Mayodendron igneum (Kurz) Kurz

火烧花
缅木

紫葳科。乔木。树皮黑色。二回羽状复叶。老茎生花；花冠管状，形似小喇叭，橙黄色至金黄色。

用途
花可作蔬食；树皮、茎皮、根皮入药，可治疗痢疾、腹泻等症。木材质坚硬，结构细致。

分布
台湾、广东、云南、广西等地。

观赏地
大草坪园林树木区、标本园、岭南郊野山花区、热带雨林温室。

❀ 花期

| 1 | 2 | 3 | 4 | 5 | 6 | 7 | 8 | 9 | 10 | 11 | 12 | 月份 |

🦋 果期

| 1 | 2 | 3 | 4 | 5 | 6 | 7 | 8 | 9 | 10 | 11 | 12 | 月份 |

筒状黑色的树皮如火烧过一般，而老茎及侧枝上则开满了火红色的花朵，乍眼望去，如同火焰在树干枝头上燃烧一般，故得此名。

Heliconia bourgaeana Petersen

富红蝎尾蕉
布尔若蝎尾蕉

原产热带美洲，我国没有自然分布，为华南植物园引种最成功和观赏价值较高的蝎尾蕉科植物。通常在春节期间开始开花，红色花序轴上的苞片像一只只飞翔的红色小鸟，有"林中红鸟飞，庆春富贵来"的寓意。

观赏地
姜园、奇异植物室、热带雨林温室。

❀ 花期

1	2	3	4	5	6	7	8	9	10	11	12	月份

蝎尾蕉科。多年生草本。叶狭长圆形，茎、叶片、下中脉上有蜡质白粉。聚伞花序蝎尾状，腋生，垂直向上或弯曲半下垂；花序轴红色；苞片 7 ~ 17 枚，红色至紫红色

用途
花序大而猩红艳丽，如纷飞报春的小鸟，耐寒性较强，是良好的林下及庭院绿化植物。其花、叶均是高档的切花材料。

分布
原产哥斯达黎加、委内瑞拉、美国佛罗里达等美洲热带雨林。

Nymphoides indica (L.) Kuntze

金银莲花

印度荇菜
白花莕菜

睡菜科。多年生浮叶水生草本。叶似睡莲，椭圆形至心形，革质光滑，青绿色，漂浮于水面。小花白色，花齿绒毛状，幼小娇柔，星星点点开在碧波绿叶上，摇曳生姿。

用途
重要水生花卉。

分布
东北、华东、华南以及河北、云南等地。柬埔寨、印度、印度尼西亚、马来西亚、缅甸、斯里兰卡、越南、日本、韩国、澳大利亚和太平洋岛屿有分布。

水生植物是从生态学范畴上定义的一类植物。根据水生植物对水环境的适应程度，按生活型分为湿生植物、挺水植物、浮叶植物和沉水植物。浮叶植物又分为根生浮叶植物和自由漂浮植物。金银莲花为根生浮叶植物，茎叶浮水，并有沉水叶柄或根茎与根相连，沉水部分通气组织发达。因其花冠裂片为白色，基部金黄色，故名。

观赏地
水生植物园。

花期

1	2	3	4	5	6	7	8	9	10	11	12	月份

Michelia guangdongensis Y. H. Yan et F. W. Xing

广东含笑

2002年华南植物园的科学家到石门台自然保护区开展科学考察，在通往广东第二高峰船底顶海拔1800m附近，发现一株1m多高的金灿灿的灌木在阳光下闪闪发光。经研究确定为一新种，命名为"广东含笑"。含笑为历代文人墨客称颂，【宋】李纲曰："南方花木之美者，莫若含笑"。杨万里称赞含笑花"只有此花偷不得，无人知处忽然香"。陆游闻含笑花开急棹小舟观之，赋诗曰："日长无奈清愁处，醉里来寻紫笑香，漫道闲人无一事，逢春也作蜜蜂忙。"

观赏地
木兰园、蕨园。

花期

| 1 | 2 | 3 | 4 | 5 | 6 | 7 | 8 | 9 | 10 | 11 | 12 | 月份 |

果期

| 1 | 2 | 3 | 4 | 5 | 6 | 7 | 8 | 9 | 10 | 11 | 12 | 月份 |

木兰科。常绿灌木或小乔木。芽、嫩枝和叶下面均密被红褐色平伏短柔毛。叶革质，叶柄无托叶痕。花单生于叶腋，芳香；花被片9～12枚，白色，倒卵状椭圆形。

用途
树形美观，叶片色泽独特，花美丽芳香，具有较高的观赏价值，是值得推广应用的庭园绿化优良乡土树种。宜植于庭园，亦可盆栽观赏。

分布
广东特有。

Ochna integerrima (Lour.) Merr.

金莲木
似梨木
米老鼠树

金莲木科。落叶小乔木。花先
叶绽放，花丝纤细，亮黄夺目。
花萼、雄蕊结果时不脱落，并
逐渐转为暗红色，花托上着生
数个果实，果实初期绿色，成
熟时呈紫黑色。

用途
先花吐妍、后叶吐绿，满树黄
花娇美烂漫，叶色翠绿雅致，
果实极富艺术性，是华南地区
极为优良的观花观果树木。

分布
广东、海南和广西。印度、缅甸、
马来西亚均有分布。

果托上只有两个果实时，整个
果序看起来酷似米老鼠的头部，
奇趣横生，故又称为"米老鼠
树"。人们赋予金莲木好运与
财富的寓意。

观赏地
杜鹃园、广州第一村、标本园、
奇异植物室。

❀ 花期

| 1 | 2 | 3 | 4 | 5 | 6 | 7 | 8 | 9 | 10 | 11 | 12 | 月份 |

🦋 果期

| 1 | 2 | 3 | 4 | 5 | 6 | 7 | 8 | 9 | 10 | 11 | 12 | 月份 |

Alpinia rugosa S. J. Chen & Z. Y. Chen

皱叶山姜

1990年华南植物园的科学家在海南吊罗山考察，采集到一不知名的姜科植物。经植物园栽培观察，发现其叶皱缩的形态学特征稳定，定名为"皱叶山姜"。1992年根据采自华南植物园的标本绘图，1995年在第二届国际姜科会议上作了介绍，受到园艺界的重视，已引种到夏威夷种植观赏。2000年系统观察了形态学特征并作基本描述，2010年进一步采集标本、观察活植物、研究姜科植物分类学文献，完善物种描述，2012年在《Novon》正式发表。

姜科。多年生草本，株高0.5 ~ 1.2m。叶长圆形，长23 ~ 57cm，皱折明显。总状花序直立；苞片褐色；萼管状，红紫色；花冠管状；唇瓣卵形，桔黄色，带有红色纹彩。蒴果椭圆形。

用途
叶皱缩，具有极高的园艺观赏性，是姜科新型园艺观赏植物。

分布
海南吊罗山特有。国内华南植物园、西双版纳植物园和美国夏威夷有栽培。

观赏地
姜园。

❀ 花期

| 1 | 2 | 3 | 4 | 5 | 6 | 7 | 8 | 9 | 10 | 11 | 12 | 月份 |

🦋 果期

| 1 | 2 | 3 | 4 | 5 | 6 | 7 | 8 | 9 | 10 | 11 | 12 | 月份 |

Baccaurea ramiflora Lour.

木奶果

火果
树奶果
三丫果

大戟科。常绿乔木。总状圆锥花序腋生或茎生，雌雄异株；花小，无花瓣，棕黄色。卵状果实从茎杆上长出，初时黄色，后变紫红色。

用途
树形美观，可作行道树。果实味酸甜，成熟时可吃。木材可作家具和细木工用料。

分布
广东、海南、广西和云南。印度、缅甸、泰国、越南、老挝、柬埔寨和马来西亚等地有分布。

因果实裂开后呈三瓣状，故在西双版纳被称为"三丫果"。木奶果外表与楝科的兰撒果和椰色果十分相似，区别是兰撒果果肉白色，汁较多，很黏；椰色果果汁较少，较兰撒果更容易剥开；木奶果的果肉则为红色、粉红色或紫红。

观赏地
园林树木区、广州第一村、标本园、热带雨林温室。

❀ 花期

1	2	3	4	5	6	7	8	9	10	11	12	月份

🍂 果期

1	2	3	4	5	6	7	8	9	10	11	12	月份

Syzygium samarangense (Blume) Merr. & L. M. Perry

洋蒲桃
莲雾
爪哇蒲桃

桃金娘科。乔木。树冠圆头形。叶革质，对生。花白色。果梨状或圆锥形，顶部凹陷，果肉海绵质，有香气，成熟时粉红色至鲜红色，表面光亮如蜡。

用途
树冠广阔，四季常青，是著名庭园绿化树和蜜源树。

分布
原产马来半岛及安达曼群岛。广东、台湾及广西有栽培。

观赏地
奇异植物室、苏铁园、生物园、广州第一村。

花期

| 1 | 2 | 3 | 4 | 5 | 6 | 7 | 8 | 9 | 10 | 11 | 12 | 月份 |

果期

| 1 | 2 | 3 | 4 | 5 | 6 | 7 | 8 | 9 | 10 | 11 | 12 | 月份 |

洋蒲桃果实俗称"莲雾"，味道清甜爽口，营养丰富，是夏季优良的清热消暑佳果。生食鲜果，对治疗慢性咳嗽和哮喘有一定的效果；干果研末，肉汤送服，可治寒性哮喘和过敏性哮喘。

Murraya koenigii (L.) Spreng

咖喱树

调料九里香

麻绞叶

哥埋养榴

咖喱树又名调料九里香，其叶为一种调料，在印度和斯里兰卡用于制作咖喱、印度风味小吃，还用于印度式草药疗法，具有治疗糖尿病、抗菌消炎、抗氧化、保肝护肝等药用价值。咖喱树所含的吉九里香碱在体外已被证实具有抑制人体肝癌细胞生长、诱导肝癌细胞程序性凋亡的作用。美国和欧洲各国正研究利用调料九里香作为糖尿病食疗和药物治疗的辅助用药。

花期

| 1 | 2 | 3 | 4 | 5 | 6 | 7 | 8 | 9 | 10 | 11 | 12 | 月份 |

果期

| 1 | 2 | 3 | 4 | 5 | 6 | 7 | 8 | 9 | 10 | 11 | 12 | 月份 |

芸香科。常绿灌木。木材古铜色，叶具独特的香料气味。花小，白色。浆果初时青绿色，成熟时红色。

用途

鲜叶为印度常用的调味品，特别用于调制咖喱肉汤和烹制咖喱食品，叶干燥后便失去香味。叶和根民间多用作镇静和消炎草药。

分布

海南南部和云南南部。越南、老挝、缅甸、印度等地也有。

观赏地

热带雨林温室。

Chuniophoenix hainanensis Burret

琼棕

陈氏棕

棕榈科。丛生灌木状。叶掌状
深裂，叶柄无刺。花序腋生，
花两性，紫红色。果近球形，
熟时金黄色。

用途
树形优美，可供庭园观赏。

分布
海南陵水、琼中等地。

海南特有，被列为国家 II 级保
护植物。德国植物学家 C. E. M.
Burret 根据采自海南的标本发表
的新属。属名 Chuniophoenix 是
在棕榈属名之前冠以中国陈姓
的拉丁拼音 chun，以纪念我国
近代植物学奠基人、华南植物
园创始人陈焕镛教授。

观赏地
棕榈园、木本花卉区、热带
雨林温室。

花期

| 1 | 2 | 3 | 4 | 5 | 6 | 7 | 8 | 9 | 10 | 11 | 12 | 月份 |

果期

| 1 | 2 | 3 | 4 | 5 | 6 | 7 | 8 | 9 | 10 | 11 | 12 | 月份 |

Coffea arabica L.

小果咖啡

小粒咖啡

小果咖啡是最传统的阿拉伯咖啡，原产东非，在15世纪以前长期被阿拉伯世界垄断，因此被欧洲人称为"阿拉伯咖啡"。世界上原来的商品咖啡都是小果咖啡，由于19世纪末发生了大面积病害，种植者开始寻找其他抗病的种类，但目前小果咖啡仍然是最主要的咖啡品种。

 花期

| 1 | 2 | 3 | 4 | 5 | 6 | 7 | 8 | 9 | 10 | 11 | 12 | 月份 |

 果期

| 1 | 2 | 3 | 4 | 5 | 6 | 7 | 8 | 9 | 10 | 11 | 12 | 月份 |

茜草科。大灌木或小乔木。叶对生，长卵形。花芳香，花冠白色，花瓣呈螺旋排列。浆果椭圆形，深红色，长12～16mm，内藏种子两粒。

用途

世界三大饮料植物之一，种子即咖啡豆，经焙炒后研细得咖啡粉。

分布

原产埃塞俄比亚或阿拉伯半岛。福建、台湾、广东、海南、广西、四川、贵州和云南均有栽培。

观赏地

热带雨林温室、凤梨园。

Elaeocarpus rugosus Roxb. ex G. Don

毛果杜英
长芒杜英
尖叶杜英

杜英科。常绿乔木。基部有板根，枝条层层伸展，整个株形如高耸的尖塔。叶革质，倒卵状披针形。花瓣白色，先端撕裂，盛花时节犹如悬挂了层层白色的流苏。核果近圆球形。

用途
是南方地区颇受推崇的木本花卉、园林风景树、绿荫树和行道树。木质纹理直，结构细，干后不开裂，易加工，可供建筑、家具等用。种子可制肥皂、润滑油。

分布
海南、广东、云南。孟加拉、印度及马来西亚也有。

与许多热带植物一样，尖叶杜英可形成"板状根"。"板状根"是热带雨林植物的重要特征之一，它从树干基部长出，有时高可达 1 ~ 2m，像自然形成的板墙支撑着树干和树冠，具有稳固根基的作用，以抵御风暴的袭击。

观赏地
经济植物区、木本花卉区、生物园、苏铁园、热带雨林温室。

❀ **花期**

| 1 | 2 | 3 | 4 | 5 | 6 | 7 | 8 | 9 | 10 | 11 | 12 | 月份 |

🍂 **果期**

| 1 | 2 | 3 | 4 | 5 | 6 | 7 | 8 | 9 | 10 | 11 | 12 | 月份 |

Beaumontia grandiflora Wall.

清明花
比蒙花
炮弹果
刹抢龙

夹竹桃科。常绿木质大藤本，具乳汁。叶卵形，对生，侧脉明显。聚伞花序顶生；花大，漏斗形，白色，有香气，冠檐5裂；雄蕊5枚，着生于花冠筒的喉部。

用途
花大且多，盛开时庄严壮观，适于华南地区的庭院、大型棚架栽培观赏。根、叶供药用，可治风湿性腰腿痛、跌打损伤等。

分布
云南和印度。国家重点保护植物。广西、广东有栽培。

观赏地
凤梨园、广州第一村。

🌸 花期

1	2	3	4	5	6	7	8	9	10	11	12	月份

🍂 果期

1	2	3	4	5	6	7	8	9	10	11	12	月份

由丹麦植物学家兼外科医生 Nathaniel Wallich（1786–1854年）发表于1824年。他的一生发表过众多植物学名，参与了印度加尔各答（Calcutta）植物园的创建，搜集标本约20500份。这些标本大多数收藏在以他名字命名的"Wallich标本馆"中，是邱园标本馆中最大馆藏者，另外的部分则被收藏在印度国立标本馆中。

Tabebuia chrysantha (Jacq.) G. Nichols.

黄花风铃木
毛黄钟花
毛风铃

紫葳科。落叶小乔木。叶被褐色细茸毛。花冠漏斗形，5 裂，似风铃状，缘皱曲，花色金黄，先花后叶。蒴葵果开裂时果荚多重反卷，种子带薄翅，有许多绒毛以利于散播。

用途
优良园林树种。

分布
原产中美洲、南美洲。

观赏地
杜鹃园、生物园、奇异植物室。

✿ 花期

1	2	3	4	5	6	7	8	9	10	11	12	月份

巴西的国花。因花黄色，形如风铃而得名。黄花风铃木四季变化明显，春季枝稀叶疏，清明节前后开出漂亮的黄花；夏季长叶结果；秋天枝叶繁盛，植株呈现绿油油的景象；冬天枯枝落叶，呈现出凄凉之美。

Bauhinia variegata L.

宫粉羊蹄甲
弯叶树
素心花
宫粉紫荆

苏木科。落叶乔木。叶先端裂开至叶片长度的 1/3，基部心形。花瓣 5 枚，粉红色，中间一片带红色及黄绿色条纹。荚果长可达 30cm。

用途
常用作行道树种。树皮含单宁，可作鞣料和染料；花芽、嫩叶、幼果可作蔬菜；树皮、花、根可入药；木材坚硬，适于精细木工及工艺品。

分布
原产我国南部和印度。现广泛栽培于亚热带和热带地区。

该属植物叶形奇特，常先端 2 裂呈羊蹄状，林奈取其兄弟同心之意，将其属名定为 Bauhinia，用以纪念瑞士裔法国植物学家 Bauhin 兄弟。宫粉羊蹄甲是热带亚热带非常受欢迎的观赏植物。花芳香，花朵繁多。花开时叶稀疏或几乎不见树叶，满天红瓣，素心古雅，极具观赏价值。

观赏地
经济植物区、木本花卉区、樟树路。

❀ **花期**

1	2	3	4	5	6	7	8	9	10	11	12	月份

Areca catechu L.

槟榔

大腹子
槟榔子
仁频
宾门

棕榈科。乔木。树干挺直，有明显的环状叶痕，叶簇生于茎顶。花序轴粗壮压扁，分枝曲折。雄花小，量多，无花梗，花瓣长圆形；雌花较大，单生于分枝茎部，花瓣近圆形。槟榔果长卵形或卵球形，橙黄色，中果皮纤维质。

用途
园林观赏。果实药用、或作为咀嚼嗜好品。

分布
原产马来西亚，分布区域涵盖亚洲斯里兰卡、泰国、印度等热带地区、东非及大洋洲。

观赏地
热带雨林温室、棕榈园。

自古以来槟榔果实就是我国东南沿海各省居民迎宾敬客、款待亲朋的佳果，因古代敬称贵客为"宾""郎"，"槟榔"美誉由此得来。槟榔与益智、砂仁、巴戟并称我国四大南药，含有人体所需的多种营养元素和有益物质，具有消积、化痰、疗疟、杀虫等功效，是历代医家治病的药果。在我国台湾、海南与印度等地，至今保留着嚼食槟榔的习惯。但国际癌症研究中心（IARC）于2003年公布"槟榔果实本身即是第一类致癌物"。

❀ 花期

1	2	3	4	5	6	7	8	9	10	11	12	月份

🐛 果期

1	2	3	4	5	6	7	8	9	10	11	12	月份

Cochlospermum religiosum (L.) Alston

弯子木
丝棉树
毛茛树

红木科。落叶小乔木。叶掌状裂，嫩时绿色，老时变为红色。花簇生，鲜黄色，花冠形似郁金香，先花后叶。蒴果梨形，成熟时深褐色，有白色绵纤维。

用途
树型优雅，花色美丽，适合作行道树，营造黄花景观大道，也用于庭园美化。果实内的棉毛可用作填充材料。

分布
印度、缅甸、毛里求斯、斯里兰卡。广东、云南有栽培。

果裂开后可见棉花状的白色絮状纤维和许多细小的弯形种子，故名"丝棉树"、"弯子木"。其花黄色似毛茛，故又名"毛茛树"。

观赏地
热带雨林温室、奇异植物室。

❀ 花期

| 1 | 2 | 3 | 4 | 5 | 6 | 7 | 8 | 9 | 10 | 11 | 12 | 月份 |

🍂 果期

| 1 | 2 | 3 | 4 | 5 | 6 | 7 | 8 | 9 | 10 | 11 | 12 | 月份 |

Heritiera angustata Pierre

长柄银叶树

白楠
白符公
大叶银叶树
狭叶银叶树

梧桐科。乔木。叶下面被银白色或略带金黄色的鳞秕，叶柄长。圆锥花序顶生或腋生，花萼坛状，粉红色，无花瓣；花药群集在雌雄蕊柄顶端排成2环；雌花较少且比雄花短；子房圆球形，花柱短。果坚硬，椭圆形，褐色，顶端有翅。

用途
木材结构细密，质坚而重，不受虫蛀，耐水浸泡，是建筑、造船、制家具的良材。

分布
海南岛东南部海滨和云南。柬埔寨也有。

因叶下面被银白色或金黄色的鳞秕，叶柄较长而得名。每到花期，花序呈束渐次长出，粉红色的花密布整个枝条。生长于海滨，果实成熟后木质化，果皮具有充满空气的海绵组织，能漂浮于海面，随洋流传播远方，故被称为"海漂植物"。

观赏地
植物分类区、广州第一村、澳洲园、热带雨林温室、岭南郊野山花区。

果期

1	2	3	4	5	6	7	8	9	10	11	12	月份

花期

1	2	3	4	5	6	7	8	9	10	11	12	月份

Prunus persica L.

桃

毛桃
桃树
桃子

蔷薇科。落叶小乔木。叶卵状披针形，边缘具细密锯齿。萼筒钟形，花瓣粉红色或深红色。果卵形，表面被短毛，熟时白绿色带粉红，肉厚，多汁，味甜或微甜酸；核扁心形，极硬。

用途

桃树是常见的果树及观赏花木，果肉清津味甘，除生食之外亦可制干、制罐。果、叶均含杏仁醋，均可入药。

分布

原产我国，各省区广泛栽培。世界各地均有栽植。

观赏地

生物园、木兰园、木本花卉区。

❀ 花期

| 1 | 2 | 3 | 4 | 5 | 6 | 7 | 8 | 9 | 10 | 11 | 12 | 月份 |

桃起源于我国温带地区，是我国除苹果和梨以外最重要的果树之一。我国利用栽培桃的历史悠久，距今约 8000 ~ 9000 年的湖南临澧胡家屋场、7000 年前浙江河姆渡新石器时代遗址都出土过桃核，距今约 3000 多年的河北藁城台西村出土过栽培桃的桃核。桃花是我国主要观赏花卉，关于桃花的古诗词和国画数不胜数。西汉时被尊为儒家经典的《诗经》就对桃的花和果实的神态作了生动的刻画，"桃之夭夭，灼灼其华"。【唐】王维诗曰："雨中草色绿堪染，水上桃花红欲然"。韩愈《题百叶桃花》吟："桃花一簇开无主，可爱深红映浅红"。【宋】苏轼《送别诗》云："鸭头春水浓如染，水面桃花弄春脸"。

Woodfordia fruticosa (L.) Kurz.

虾子花

吴福花

千屈菜科。灌木。有长而披散的分枝。花萼筒状，鲜红色，口部略偏斜，萼齿之间有小附属体花瓣6，着生于萼齿间；雄蕊及丝状花柱稍突出于花萼外。

用途

花形如小虾，十分灿烂，适宜庭院池畔、草坪丛植，或作盆栽。根、花可入药，有调经活血，凉血止血，通经活络的功效。

分布

广东、广西及云南。越南至印度均有分布。

花朵像小虾，弓着身体，涨红了脸，在风中挥舞着须爪，故名。

观赏地

园林树木区、苏铁园、木本花卉区。

✿ 花期

| 1 | 2 | 3 | 4 | 5 | 6 | 7 | 8 | 9 | 10 | 11 | 12 | 月份 |

Cleisostoma williamsonii (Rchb. f.) Garay

红花隔距兰

树葱
龙角草

兰科。多年生附生草本，植株常悬垂。茎细圆柱形，具分枝。叶圆柱形，伸直或略弧曲，顶端钝。花序下垂，密生多数肉质小花；花粉红色，开展，唇瓣深紫红色。

用途
可配植于树干或庭园假山上，供观赏。

分布
海南、广西、贵州、云南。

国家重点保护植物。全草入药，有清热解毒的功效，用于治疗咽喉肿痛。我国兰花已有2000多年的栽培历史，依开花时间分为春兰、夏兰、秋兰、寒兰、报岁兰。今之国兰古谓兰蕙，【北宋】黄庭坚《幽芳亭》云："一干一华而香有余者兰，一干五七华而香不足者蕙"。我国古籍对兰蕙的记载可追溯到东周孔子时代（公元前551-479年），孔子曰："与善人居，如入芝兰之室，久而不闻其香，与之俱化"，又曰："芝兰生幽谷，不以无人而不芳"，孔子谓兰花"王者之香"流传至今。

观赏地
奇异植物室。

❀ **花期**

| 1 | 2 | 3 | 4 | 5 | 6 | 7 | 8 | 9 | 10 | 11 | 12 | 月份 |

Cymbidium eburneum Lindl.

独占春

兰科。附生兰，假鳞茎卵状梭形。叶带形，先端稍2裂，黄绿色。花葶从莲座状叶丛侧出，顶部着花一至两朵；花芳香，花色洁白，惟唇瓣中部有一黄色斑块。

用途
著名观赏国兰之一，具有极高的观赏价值，最早用于大花系观赏兰花类杂交的亲本。

分布
海南、广西等地。

观赏地
兰园。

❀ 花期

| 1 | 2 | 3 | 4 | 5 | 6 | 7 | 8 | 9 | 10 | 11 | 12 | 月份 |

大型附生草本植物，国家 II 级保护植物，是大部分大花蕙兰或虎头兰品系的重要亲本。1889 年在英国培育的世界上首个大花蕙兰品种 *Cymbidium* 'Eburneo—lowianum' 就是以独占春为母本，碧玉兰（*C. lowianum*）为父本杂交而成。古代以采集野生兰花为主，兰花的栽培仅见于宫廷。魏晋以后兰花进入私家庭院，唐代兰蕙发展到一般庭园和花农园圃，宋代兰艺得到极大发展，元代之后国兰莳养进入昌盛时期。唐宋已有兰花的形态描述，最早描述兰花的是【唐】颜谦《咏兰》（公元 860—880 年），最早记载兰花栽培方法的是【唐】杨夔《植兰说》（公元 880—890 年）。南宋末年，赵时庚的《金漳兰谱》（公元 1233 年）和王贵学的《兰谱》（公元 1247 年）标志着国兰栽培体系的建立。

Uvaria microcarpa
Champ. ex Benth.

紫玉盘
油椎
牛茗子
牛刀树

番荔枝科。直立灌木,枝条蔓延。叶被柔毛。花较"大花紫玉盘"小,花瓣暗紫红色或淡红褐色。果卵圆形或短圆柱形,暗紫褐色,顶端有短尖头。

用途
花美,适宜庭园观赏和园林绿化。茎皮纤维坚韧,可编织绳索或麻袋。根可药用,治风湿、跌打损伤、腰腿痛等。

分布
广西、广东和台湾。

紫玉盘与桃金娘、野牡丹、牡荆、五色梅等是南方重要的花灌木或绿篱植物,可群植观赏或列植为篱。紫玉盘在民间被广泛应用于癌症、贫血和炎症的治疗,主要含有番荔枝内酯等化学成分,具有杀虫、抗微生物、抑制肿瘤细胞生长等作用,其中以抗肿瘤作用最为显著。

观赏地
广州第一村、蒲岗自然保护区、热带雨林温室。

❀ 花期

1	2	3	4	5	6	7	8	9	10	11	12	月份

Rhododendron pulchrum Sweet

锦绣杜鹃

毛叶杜鹃
鲜艳杜鹃
春鹃
紫鹃

杜鹃花科。常绿灌木。花为玫瑰紫色、有香气，1～3朵生于枝端；花冠宽漏斗状，5裂，上部的裂片有深紫色斑点；花柱略长于花冠。

用途
是一种常见的杜鹃花，著名的园林观花植物。

分布
原产我国，但至今未见野生，栽培变种和品种繁多，主要栽培于江浙、华中及两广等地区。

观赏地
杜鹃园、高山极地室。

❀ 花期

| 1 | 2 | 3 | 4 | 5 | 6 | 7 | 8 | 9 | 10 | 11 | 12 | 月份 |

杜鹃花是我国十大名花之一，与报春花、龙胆花合称为我国三大高山名花。中国栽培杜鹃花比西方国家早。传统品种有"玉蝴蝶""紫蝴蝶""琉球红""玉铃"等。公元492年，我国南北朝的齐梁时代，陶弘景在《本草经集注》阐述了羊踯躅（R. molle）得名的由来和特性："羊踯躅，羊食其叶，踯躅而死，故名"，较瑞典植物学家林奈1753年将阿尔卑斯山的锈色杜鹃（R. ferrugineum）定为今日杜鹃花属的模式种要早1250多年。

Vernicia fordii (Hemsl.) Airy Shaw

油桐

桐油树
桐子树
三年桐
五月雪

大戟科。落叶乔木。叶片通常不分裂，叶柄顶端的腺体扁球形。花瓣白色，略带淡红色脉纹，盛花时白花蔟簇。果实无棱，平滑。初夏时节，繁花凋落，如纷飞白雪，故又名"五月雪"。

用途
重要的工业油料植物，果皮可制活性炭或提取碳酸钾。

分布
陕西、河南、江苏、安徽、浙江、江西、福建、湖南、湖北、广东、海南、广西、四川、贵州、云南等省区。

我国重要的木本油料植物，其种仁榨出的桐油是具有广泛工业用途的干性油。我国油桐利用和栽培历史悠久。公元739年唐代陈藏器《本草拾遗》记有："罂子桐生山中，树似梧桐。"公元1116年北宋寇宗奭《本草衍义》记载了油桐花的形态和开花习性。公元1298年《马可·波罗游记》记载了我国用桐油混石灰及碎麻修补船隙。公元1578年明代李时珍《本草纲目》和公元1639年徐光启《农政全书》等都有记述。美国于20世纪初自我国引种，英国、法国、日本、印度、越南和俄罗斯等也相继从我国引种，但因未形成批量生产而停止。目前仅阿根廷和巴拉圭能与我国竞争桐油出口，1990年代后国际桐油市场仍由我国独占。

观赏地
能源园、经济植物区。

❀ 花期

1	2	3	4	5	6	7	8	9	10	11	12	月份

Vernicia montana
Lour.

千年桐
木油桐
皱果桐

大戟科。落叶乔木。叶互生，全缘或 2 ~ 5 裂，叶柄顶端的腺体为高脚杯状。花瓣 5，白色或基部带紫红色且有紫色脉纹。核果卵球形，3 棱，果皮有皱纹。

用途
重要的油料植物，极具能源开发应用前景。

分布
浙江、江西、福建、台湾、湖南、广东、海南、广西、贵州、云南等省区。

观赏地
经济植物区、能源园。

❀ 花期

1	2	3	4	5	6	7	8	9	10	11	12	月份

果实内有种子 3 ~ 5 颗，果仁含油量达 60 ~ 70%。种子榨出的油叫木油（桐油），色泽金黄或棕黄，为优良的干性油，不能食用，是重要工业用油，用途极广，可用于制漆、塑料、电器、人造橡胶等制造业。

Strongylodon macrobotrys A. Gray

翡翠葛
碧玉藤

蝶形花科。常绿木质藤本。花朵沿着花序轴呈平展状生长，一串挨着一串；花色碧绿且透有蓝色光泽，龙骨瓣向上翘起，呈鹦鹉喙状，极似由翡翠雕琢成的小鸟。

用途
花形奇特，花色稀有，是优良的观花藤蔓植物。

分布
原产菲律宾。

与禾雀花为同一家族植物，但花更精致可爱。春季开花，色如翡翠，故名"翡翠葛"，被誉为世界上最漂亮的花。由于其原产地生境破坏和自然授粉下降，已被列为濒危植物。在热带森林里主要由蝙蝠传粉，已进化出特定的形态，通过蝙蝠倒挂在花序上吸允花蜜传粉。其花还能吸引黄蜂造访，亦是蝴蝶的家园。

观赏地
奇异植物室。

❀ 花期

| 1 | 2 | 3 | 4 | 5 | 6 | 7 | 8 | 9 | 10 | 11 | 12 | 月份 |

Ozothamnus diosmifolius (Vent.) DC.

澳洲米花
吴福花

菊科。直立灌木，高可达 2m。叶小，线形，互生。头状花序顶生；花通常白色，也有粉红色，如米粒般，具芳香。

头状花序，花蕾如雪似玉，米粒般大小，故名"澳洲米花"。可采用扦插繁殖和种子繁殖等方式繁殖种苗。

用途
园林上常作花境或背景材料用。

观赏地
澳洲园。

分布
原产于澳大利亚新南威尔士州和昆士兰州。

✿ 花期

| 1 | 2 | 3 | 4 | 5 | 6 | 7 | 8 | 9 | 10 | 11 | 12 | 月份 |

Bombax ceiba L.

木棉

攀枝花
红棉树
英雄树

木棉科。落叶大乔木。幼树的树干通常有圆锥状的粗刺。掌状复叶。花大，鲜红，花瓣肉质。蒴果长圆形，成熟后果荚开裂，果中的棉絮随风散开，朵朵如雪飘飞。

用途
棉絮质地柔软，可代替棉花制作枕芯、椅垫、棉袄等填充料。花可入药，木棉花晒干后煮粥或煲汤，可清热解毒、驱寒祛湿。

分布
云南、四川、贵州、广西、广东、福建、台湾等省区亚热带。

观赏地
热带雨林温室、大草坪。

❀ 花期

1	2	3	4	5	6	7	8	9	10	11	12	月份

速生、强阳性树种，树冠总是高出周围的植物，被誉为英雄树、英雄花。现为广州、广西崇左、四川攀枝花和台湾高雄市花。【清】陈恭尹《木棉花歌》："浓须大面好英雄，壮气高冠何落落。"

Vernonia volkameriifolia DC.

大叶斑鸠菊
大叶鸡菊花

菊科。常绿小乔木。叶大，互生，倒卵状长圆形。多数头状花序排成长达 20cm 的大型复合圆锥花序，花淡红紫色。盛花时节，大大的花序缀满枝头，犹如粉色云朵。

用途
菊科植物多为草本。本种为小乔木，花序和叶片大，四季常绿，是优良的观叶观花树种。其根皮、茎、叶具有多种药用价值。

分布
云南、贵州、广西、西藏。

为传统傣药，俗称"当豪温"，具有利水化湿，祛风止痛之功效。根用于治疗风湿骨痛，叶用于治疗感冒。

观赏地
珍稀濒危植物繁育中心。

❀ 花期

1	2	3	4	5	6	7	8	9	10	11	12	月份

Hymenosporum flavum (Hook.) F. Muell.

黄海桐花

黄花香荫树
澳洲鸡蛋花

海桐花科。小乔木,通常高约8m,热带雨林中可以长至25m高。树干灰色粗糙,新枝密生绒毛。叶近簇生。伞形花序,花开极为繁密,花色随时间迁移,从浅黄变硫黄色,有香味。

用途
园林观赏,适宜庭园种植。

分布
原产澳大利亚东部和新几内亚。

观赏地
澳洲园。

❀ 花期

1	2	3	4	5	6	7	8	9	10	11	12	月份

因花黄色,花朵的香味似鸡蛋花的香味,因而被昆士兰人称"鸡蛋花"。其花能吸引蜜蜂、蝴蝶以及以蜂蜜为食的鸟类为其传粉。在澳大利亚,常用作行道树。喜光,在半阴环境下也可以生长开花;喜温暖、湿润的环境,幼苗不耐霜冻;栽培土质以排水良好且富含有机质的壤土为宜。

Luvunga scandens (Roxb.) Buch.Ham. ex Wight & Arn.

三叶藤橘

假柚子
鲁望桔

芸香科。木质藤本。茎上有弯钩。
三出复叶密生透明油点。枝上
繁花似锦，芬芳扑鼻，香远益清。
果实如同金橘。

用途
全草入药，有活血化瘀、杀虫
止痒之功效。

分布
云南、海南及东南亚地区。

观赏地
广州第一村、热带雨林温室。

✿ 花期

| 1 | 2 | 3 | 4 | 5 | 6 | 7 | 8 | 9 | 10 | 11 | 12 | 月份 |

大型木质藤本植物。产于云南
的三叶藤橘其小叶通常较大，
果也较大且多为倒梨形，而海
南的三叶藤橘其叶偶有较大的，
其果多为圆球形。其叶含多种
精油，果实含有香豆素。

Evodiella muelleri
(Engl.) B. L. Linden

小尤第木
蝴蝶树

芸香科。小乔木。枝、叶、树皮等都有类似柑橘叶的香气。三出复叶对生。老茎开花结果；花粉红色，具甜香味。果近球形，淡黄绿色，半透明，内含 4 粒黑色的种子。

用途
花色粉红，花序簇生于枝干，艳丽迷人，是优美的观赏植物。也是"尤利西斯"蝴蝶的主要食物来源。花后结油柑类果实，是野生鸟类和鹦鹉喜爱的食物。

分布
原产澳大利亚昆士兰，巴布亚新几内亚有分布。

观赏地
澳洲园。

花期

1	2	3	4	5	6	7	8	9	10	11	12	月份

是典型的"老茎生花"植物。华南植物园于 2007 年从澳大利亚引进，定植于澳大利亚植物专类园。种加词 muelleri 是以德裔澳大利亚籍植物学家 Ferdinand von Mueller 爵士（1825～1896）的姓氏命名，他曾是澳大利亚维多利亚州首位官方植物学家和维多利亚国家植物标本馆的创始人。

Cycas hainanensis C. J. Chen

海南苏铁

刺柄苏铁

苏铁科。棕榈状木本。茎干粗壮,黑褐色。大型羽状叶片簇生于茎顶,叶柄两侧密生刺;裂片条形,边缘微向下反卷,中脉隆起。雌雄异株;雄花圆锥形,雌花扁球形。

用途
园林观赏植物。

分布
广东、海南。

观赏地
苏铁园、热带雨林温室。

❀ 花期

1	2	3	4	5	6	7	8	9	10	11	12	月份

我国特有种。发现于海南岛东南部的万宁及东北部的海口,生长环境退化和大量非法盗挖等原因已严重威胁海南苏铁的生存和分布,已被列入国家 I 级保护植物名录,被国际自然资源保护联合会（IUCN）列为濒危植物。

Saraca dives Pierre

中国无忧花
火焰花

苏木科。乔木。大型羽状复叶；幼叶紫红色，柔软下垂。花橙黄色，雄蕊 8-10 枚，无花冠。盛花时期，繁花似锦，远眺仿佛一座金色的宝塔，灿烂夺目。

用途
高雅木本花卉，可用于庭园绿化观赏。树皮入药，可治风湿和月经过多。

分布
广东、广西东南部和西南部、云南东南部。老挝、越南有分布。

观赏地
名人植树区、热带雨林温室、姜园、木本花卉区、园林树木区。

✿ 花期

| 1 | 2 | 3 | 4 | 5 | 6 | 7 | 8 | 9 | 10 | 11 | 12 | 月份 |

无忧树被誉为佛教圣树。华南植物园于 1961 年引入。1986 年 1 月柬埔寨西哈努克亲王和夫人在名人植树区手植此树，已被广州市定为"古树名木"。较耐寒，在广州可露天过冬。

Bombax ellipticum (Kunth) Dugand

龟纹木棉

龟甲木棉

木棉科。多年生肉质植物。肉质茎基部膨大呈块状，表皮龟裂，形态如同龟壳。绿色短枝高不及1m。叶为掌状复叶。花瓣绿白色，带形，卷曲；花丝多而长，粉白色，呈放射状。

用途

观赏植物，可盆栽或布置于庭院观赏。

分布

原产墨西哥。

2008年华南植物园从美洲引种两株龟纹木棉，其一形态如乌龟，另一酷似蟾蜍，"龟蟾"相望，让人无不称赞植物世界的神奇。

观赏地

沙漠植物室。

❀ 花期

1	2	3	4	5	6	7	8	9	10	11	12	月份

Dendrobium chrysotoxum Lindl.

鼓槌石斛

金弓石斛
黄金草

兰科。多年生附生草本。假鳞茎直立、肉质，纺锤形或鼓槌状，具 2～5 节和多数圆钝的条棱，干后金黄色。总状花序由近顶端叶腋抽出；花金黄色，具清香；唇瓣近肾状圆形，基部两侧多少具红色条纹，中央具深红色晕斑，边缘波状，密被短绒毛。

用途
花多色艳，花期长，宜附植于树干或绑缚在树蕨板或吊篮种植；鲜切花可用作花篮、插花、胸花和花束等。同时，鼓槌石斛也是我国民间习用药用石斛种类之一，以鲜茎或干茎入药，具有生津益胃、清热养阴等药效。

分布
原产澳大利亚东部、新几内亚。

根茎酷似鼓槌，故名。"鼓槌"干时呈弓形，金黄色，故亦名"金弓石斛"。喜光、喜温暖湿润气候，耐干旱和瘠薄。我国最早的兰花画卷是北宋蕙兰水彩工笔纨扇画（公元 1241-1318 年）的画赋予兰花洁净、忠贞、高尚的象征意义，标志着兰文化的启蒙。元代以后，养兰进入鼎盛时期，国兰栽培技术成熟，尤其是明清时期出版了大量兰花栽培的书籍，兰花种植方法为国内外所引用。随着兰花栽培技术的成熟，描写兰花的诗词和绘画作品愈来愈多，兰花文化发展达到鼎盛时期。

观赏地
兰园、高山极地室、奇异植物室。

花期

| 1 | 2 | 3 | 4 | 5 | 6 | 7 | 8 | 9 | 10 | 11 | 12 | 月份 |

Eranthemum pulchellum Andr.

喜花草
可爱花

爵床科。常绿灌木。叶对生，椭圆形至卵形，叶面有明显凸起的叶脉。穗状花序顶生或腋生，花冠深蓝色，高脚碟形。蒴果长 1 ~ 1.6cm，内有 4 粒种子。

用途
常栽培于庭园供观赏。药用性辛、苦，入心经，有散瘀消肿的功效，用于跌打肿痛。

分布
原产印度及喜马拉雅地区，我国南部和西南部有栽培。

属名 Eranthemum 意为"可爱的花"；种加词 pulchellum 意为"美丽的"。喜花草分枝多，因独特的蓝色花朵而流行于亚热带和热带地区，是一种有推广前景的热带野生花卉。

观赏地
园林树木区雕塑径、木本花卉区、药园。

❀ 花期

1	2	3	4	5	6	7	8	9	10	11	12	月份

Victoria amazonica (Poepp.) J. C. Sowerby

亚马逊王莲

睡莲科。大型水生花卉。叶面绿色有皱褶；叶缘几近水平；叶背紫红色，密布硬刺；叶脉粗壮，内藏大量空气，使叶片可承数十斤重小孩而不下沉。花大而美，花瓣多数。

用途

亚马逊王莲以巨大的圆盘形叶片和美丽浓香且颜色多变的花朵闻名于世，具有极高的观赏价值，是热带地区水体绿化不可或缺的奇葩。

分布

原产南美洲亚马逊河流域。北京、广东、云南等地有栽培。

花初开时花瓣为白色，香气浓郁，第二天清晨逐渐闭合，傍晚再次开放，花瓣变为淡红色至深红色并反卷，至第三天上午呈红色并沉入水中，因此被称为"善变女神"。王莲有两种原生种，即原产于南美巴西的亚马逊王莲（*V. amazonica*）和原产于巴拉那河流域的克鲁兹王莲（*V. cruziana*）。亚马逊王莲的花萼布满刺，叶缘微翘或几近水平，叶片微红，叶脉红铜色，叶片较大，耐寒性差。克鲁兹王莲的花萼光滑无刺，叶缘上翘 3～5cm，叶片深绿，叶脉黄绿色，叶片略小，耐寒性较好。1961 年，美国长木植物园以克鲁兹王莲为父本和亚马逊王莲为母本杂交获得的 F1 代命名为"长木王莲"（*V.* 'Longwood'）。

观赏地

热带雨林温室。

🌸 **花期**

1	2	3	4	5	6	7	8	9	10	11	12	月份

🐝 **果期**

1	2	3	4	5	6	7	8	9	10	11	12	月份

Crateva formosensis
(Jacobs) B. S. Sun

台湾鱼木

树头菜
三脚桌

白花菜科。乔木。花瓣叶状，白色转黄色，浅紫红色花蕊向外伸长，花开时花多色艳，聚生枝顶，醒目多彩。

用途
木材可制作乐器、细工用材；果含生物碱，可作胶粘剂；果皮为染料，是花美木坚的园林树种。

分布
台湾、广东北部、广西东北部、重庆。日本南部也有。

观赏地
杜鹃园、广州第一村。

❀ 花期

1	2	3	4	5	6	7	8	9	10	11	12	月份

🦋 果期

1	2	3	4	5	6	7	8	9	10	11	12	月份

材质轻而坚硬，台湾和琉球沿海渔民用其木材刻成小鱼形作鱼饵，故有"鱼木"之称。丝丝花蕊向外伸长，仿佛鱼须。

Erythrina corallodendron L.

刺桐

龙牙花
象牙红
珊瑚树

蝶形花科。小乔木。枝干上散生皮刺。三出复叶，小叶菱形。总状花序硕长，花冠蝶形，鲜红色；远远看去，犹如一支支红色的象牙突出于绿叶丛中，故又名"象牙红"。

用途
宜孤植于草地或建筑物旁，也是优良行道树。木材白色，质地轻软，可制造木屐或玩具。树叶、树皮和树根可入药，有解热和利尿的功效。

分布
台湾、福建、广东、广西等省区。印度、马来西亚、印度尼西亚、柬埔寨、老挝、越南也有分布。

观赏地
木本花卉区、热带雨林温室。

为阿根廷国花、日本冲绳县县花、福建省泉州市市花。300多年前汉人移民到台湾垦殖时，发现台湾平埔族山胞不能分辨四时，而是以山上刺桐花开为一年，过着逍遥自在的生活。【唐】李珣《南乡子》诗云："相见处，晚晴天，刺桐花下越台前。暗里回眸深属意，遗双翠。骑象背人先过水。"【宋】丁谓《刺桐花》云："闻道乡人说刺桐，花如后发始年丰；我今到此忧民切，只爱青春不爱红。"

 花期

| 1 | 2 | 3 | 4 | 5 | 6 | 7 | 8 | 9 | 10 | 11 | 12 | 月份 |

果期

| 1 | 2 | 3 | 4 | 5 | 6 | 7 | 8 | 9 | 10 | 11 | 12 | 月份 |

Zanthoxylum nitidum (Roxb.) DC.

两面针

入地金牛
叶下穿针
上山虎

芸香科。攀缘状木质藤本。茎、枝、叶轴下面和小叶中脉两面均着生钩状皮刺。伞房状圆锥花序，花淡黄绿色，娇小而精致，清香。叶、果都具有油腺点。

用途
叶、果可提取芳香油。种子油可制皂用。根、茎、叶都含多种生物碱，常用作镇痛剂，并有抗癌作用。

分布
台湾、福建、广东、海南、广西、贵州及云南。

模式标本的原采集地在广州市郊，1812 年被引种至印度加尔各答植物园，次年自该植株采集标本，后由 Roxburgh 首先发表。两面针有小毒，有服用后中毒死亡事件。中毒后引致腹痛、呕吐、头晕、小肠及脾脏收缩等症状。

观赏地
药园、能源园、热带雨林温室。

✿ 花期

| 1 | 2 | 3 | 4 | 5 | 6 | 7 | 8 | 9 | 10 | 11 | 12 | 月份 |

🐝 果期

| 1 | 2 | 3 | 4 | 5 | 6 | 7 | 8 | 9 | 10 | 11 | 12 | 月份 |

Antidesma bunius
(L.) Spreng.

五月茶
污糟树

因该树外形看起来较脏，开花时又伴有臭味，故被广东人称为"污糟树"。五月茶药用价值很高，药用部位为其根、叶、果。根、叶全年均可采，果在夏、秋季采收，采后洗净，晒干。

归肺、肾经。具有生津止渴、活血、解毒之功效，治咳嗽口渴、跌打损伤、疮毒等。有研究表明，五月茶对肾有一定毒性，食用须遵医嘱。

❀ 花期

| 1 | 2 | 3 | 4 | 5 | 6 | 7 | 8 | 9 | 10 | 11 | 12 | 月份 |

🦋 果期

| 1 | 2 | 3 | 4 | 5 | 6 | 7 | 8 | 9 | 10 | 11 | 12 | 月份 |

大戟科。乔木。叶革质，深绿有光泽。雌雄异株。雄花序穗状，雌花序总状，均无花瓣，有臭味。小果球形，成串，未成熟时白色，逐渐转红，最后成黑色，娇容幻变。

用途
木材为散孔材，结构细，材质软，适于作箱板用料。果微酸，供食用及制果酱。叶供药用，治小儿头疮；根叶可治跌打损伤。

分布
江西、福建、湖南、广东、海南、广西、贵州、云南和西藏等省区。广布于亚洲热带地区直至澳大利亚昆士兰。

观赏地
能源园、植物分类区、岭南郊野山花区、奇异植物室。

Alpinia oxyphylla Miq.

益智

益智仁

益智已有1700多年的药用历史。嵇含《南方草木状》（公元304年）对其形态和用途作了描述；唐开元二十九年（公元741年）陈藏器著《本草拾遗》中有益智的记载。

姜科。多年生草本。总状花序在花蕾时全部包藏于酷似"高帽"状的总苞片中；花冠白色，唇瓣中部具粉红色脉纹。微风吹拂，就像是带着"高帽"的"美少女"在翩翩起舞。

用途

优良园林景观植物。中药"益智子"为益智干燥的果实，是我国著名的"四大南药"之一。

分布

广东、海南。广西、云南、福建有栽培。

观赏地

植物分类区、姜园、药园。

❀ 花期

| 1 | 2 | 3 | 4 | 5 | 6 | 7 | 8 | 9 | 10 | 11 | 12 | 月份 |

🌿 果期

| 1 | 2 | 3 | 4 | 5 | 6 | 7 | 8 | 9 | 10 | 11 | 12 | 月份 |

Dillenia turbinata Finet & Gagnep.

大花五桠果
大花第伦桃

第伦桃科。乔木。枝条、叶和总花梗上皆被褐毛。花大，黄色，有香气；雄蕊多数，花柱辐射状。果球形，暗红色。

用途
树冠开展，花大艳丽，为热带亚热带地区的庭园树、行道树和果树。果多汁，略带酸味，可作果酱原料。

分布
广东、广西、海南和云南等省，越南也有。

树姿优美，叶色青绿，树冠开展如盖，分枝低，下垂至近地面，花大醒目，观赏价值极高。生长迅速，根系深，不惧强风，栽培管理较为粗放。果实近球形包于增大的萼内，多汁且略带酸味，可食。其叶与枇杷叶略似，故又名"假枇杷""枇杷果"。

观赏地
园林树木区、科普信息中心、经济植物园、生物园、热带雨林温室。

❀ **花期**

1	2	3	4	5	6	7	8	9	10	11	12	月份

🦋 **果期**

1	2	3	4	5	6	7	8	9	10	11	12	月份

Dracontomelon duperreanum Pierre

人面子
人面树
银莲果

漆树科。大乔木，高达20余米，有板根。奇数羽状复叶有小叶5～7对；落叶时期，地面上落满金灿灿黄叶，树上却仍是葱绿，构成南方典型的落叶奇观。核果扁球形，成熟时黄色，果核压扁，5室。

用途
可作果树和庭园观赏、绿化树种。果可生食或作蜜饯，种仁可作"五仁月饼"的配料。

分布
云南、广西、广东。越南也有。

观赏地
药园、蕨园、第一村、园林树木区、生物园、标本园、经济植物区、杜鹃园、分类区、人面子路。

花期

1	2	3	4	5	6	7	8	9	10	11	12	月份

果期

1	2	3	4	5	6	7	8	9	10	11	12	月份

落叶期

1	2	3	4	5	6	7	8	9	10	11	12	月份

因其果核花纹似人的五官，故称为"人面子"。1961年2月，全国人大委员长朱德在华南植物园手植人面子树一株，现树高10余米，树冠巨大，投影面积100m²，枝繁叶茂。

Ligustrum sinense Lour.

小蜡
紫甲树
山指甲
水黄杨

木犀科。半常绿灌木或小乔木。叶对生。聚伞花序排列成圆锥花序状，花多，细小，芳香；花冠漏斗形，白色。核果球形，熟时紫黑色。

用途
果可酿酒，种子可制肥皂，茎皮纤维可制人造棉；药用可抗感染，止咳。能抗二氧化硫等多种有毒气体，可栽植于工矿区。也常植于庭园中，作绿蓠、绿墙和绿屏。还可作桂花、丁香等的砧木。

分布
江苏、浙江、安徽、福建、台湾、湖北、湖南、江西、广东、广西、贵州、四川、云南等省区。

耐修剪，常可修剪成长、方、圆等几何形体。干老根古，虬曲多姿，可作树桩盆景。庭园观赏可丛植林缘、池边、石旁。小蜡与小叶女贞（*L. quihoui*）同为女贞属植物，区别是：小蜡有花梗，而小叶女贞无花梗；小蜡嫩茎有毛，而小叶女贞无。

观赏地
园林树木区、广州第一村、岭南郊野山花区、能源园。

❀ 花期

| 1 | 2 | 3 | 4 | 5 | 6 | 7 | 8 | 9 | 10 | 11 | 12 | 月份 |

🦋 果期

| 1 | 2 | 3 | 4 | 5 | 6 | 7 | 8 | 9 | 10 | 11 | 12 | 月份 |

Phaius tankervilleae
(Banks) Bl.

鹤顶兰

兰科。地生兰。总状花序粗壮直立，着花 10～30 余朵；花朵外面白色，内面暗赭色或棕红色；唇瓣管状，背面白色带茄紫色的先端，内面茄紫色带白色条纹，极具特色。

用途
优良盆栽花卉。假鳞茎可入药，具有清热止咳、活血止血的功效。

分布
华南地区各省及云南、西藏东南部。广布于亚洲热带、亚热带及大洋洲地区。

❀ 花期

| 1 | 2 | 3 | 4 | 5 | 6 | 7 | 8 | 9 | 10 | 11 | 12 | 月份 |

唇瓣筒状，与另外 5 枚花被片巧妙组合，宛如仙鹤展翅飞翔，故名。

观赏地
热带雨林温室、奇异植物室、兰园、药园。

Plumeria rubra L.

红鸡蛋花

夹竹桃科。落叶小乔木。枝条粗壮，带肉质，有白色乳汁。叶厚纸质，长圆状倒披针形。花冠漏斗状，5片花瓣轮叠而生，深红色；雄蕊着生于花冠筒基部。蓇葖果长角形，紫红色。

用途
常用于栽培观赏。花、树皮药用，有清热、下痢、解毒、润肺、止咳定喘之效；鲜花含芳香油，作调制化妆品及高级皂用香精原料。

分布
我国南部有栽培。原产南美洲，现广植于亚洲热带和亚热带地区。

鸡蛋花有两种常见的花色，开红花的红鸡蛋花与开白花黄心的鸡蛋花。红鸡蛋花是原生种，栽培数量较鸡蛋花少。两者树形相似，只有花开时才易分辨。枝叶的白色乳汁有毒，误食或伤口碰触会产生中毒现象。

观赏地
药园、广州第一村、菜王椰子路。

❀ 花期

| 1 | 2 | 3 | 4 | 5 | 6 | 7 | 8 | 9 | 10 | 11 | 12 | 月份 |

Aechmea fasciata
(Lindl.) Baker

粉菠萝
蜻蜓凤梨
美叶光萼荷

凤梨科。多年生附生常绿草本。叶呈莲座状，条形至剑形，边缘常具刺，被灰色鳞片。塔形穗状花序从叶丛中央抽出；苞片革质，先端尖，粉红色；小花淡蓝色。

用途
常作盆栽或吊盆观赏。

分布
原产巴西，现世界各地广泛栽培。

观赏地
凤梨园、药园、热带雨林温室、奇异植物室。

❀ 花期

1	2	3	4	5	6	7	8	9	10	11	12	月份

基部的叶片紧密叠生，在其基部形成滴水不漏的"水池"。池水不但供应植物自身生长，也成为小动物们的"饮水机"，更是一些水生生物的家园。家庭种植要防止"水池"的水变臭，每半个月左右将水更换一次。开花时圆锥状花序挺立在池水中央，宛如"出水芙蓉"。花序粉红美丽，故有"粉佳人"的美誉。

Pereskia corrugata
Cutak

玫瑰麒麟
七星针

仙人掌科。落叶灌木，是一种具有木质茎和叶片的仙人掌，高可达 3m。茎肥厚多肉，具锐刺。叶肉质清亮。花开仅一日，艳丽的橙色花朵形似玫瑰花。黄色蜡质浆果倒三角锥形。

用途
常作为墙垣绿化，也可作为嫁接附生类及小型仙人掌的砧木。在东南亚用作草药，主治各种内外伤，有消肿、活血化瘀及治疗妇科疾病等功效。

分布
原产中美洲墨西哥、巴拿马等地。

观赏地
奇异植物室。

木麒麟属（Pereskia）是仙人掌科最原始和唯一具有木质茎和正常叶片的类群。其属名是为纪念 16 世纪法国植物学家佩雷斯克（Nicolas-Claude Fabri de Peiresc）而命名的。花朵朝开夕谢，形似玫瑰，故名"玫瑰麒麟"。茎干聚生针刺，如七星并列，故被称"七星针"。生性强健，生长速度快，枝条呈匍匐性或半蔓性，需定期适当修剪，保持造型。

❀ 花期

1	2	3	4	5	6	7	8	9	10	11	12	月份

Hippeastrum vittatum (L'Hér.) Herb.

朱顶红

孤挺花
百枝莲
对红

因外形与"君子兰"相似，故有"君子红"的美称；天津以"胭脂穴"称之，颇得妙意。属名 Hippeastrum 源于希腊文，意思是"骑士之星"。1633年及1769年先后传入欧洲。有200多年的育种历史，1799年英国最早选育出杂交组合，培育出新品种 Johnsonii。19世纪初欧洲开展了大量杂交育种工作。荷兰是现代朱顶红育种的世界中心，选育出当代主要的朱顶红商业品种。中国于20世纪初引进朱顶红，1911年日本人铃木三郎从新加坡将其引至中国台湾。

83

石蒜科。多年生草本。叶基生，扁平带状，2列。花葶自叶丛外侧抽出，伞形花序着花3～6朵；花漏斗状，花色繁多，有单瓣和重瓣品种。

用途
花大色艳，花期长，常成双成对，适于盆栽陈设于客厅、书房和窗台。高档的切花，也可配植于露地庭园形成群落景观。

分布
原产南美秘鲁，现世界各地广泛栽培。

观赏地
岭南郊野山花区、兰园。

✿ 花期

| 1 | 2 | 3 | 4 | 5 | 6 | 7 | 8 | 9 | 10 | 11 | 12 | 月份 |

Turnera ulmifolia L.

黄时钟花
时钟花

早上7-8时绽放，午后1-2时闭合，故称为"报时之花"。卡尔·林奈（1707-1778年）在长期观察和研究中发现，各种植物开花都遵循一定的规律且具有一定的开花时间，即受"生物钟"所控制，人们称其为"花钟"。生物钟是生物在长期的进化过程中，为适应环境变化而形成的一种特殊的生命现象，是受基因控制的一种遗传性状。黄时钟花就是典型的"生物钟"型植物。

西番莲科。灌木。叶互生，长卵形，边缘有锯齿，叶基有一对明显的腺体。花生于枝条末端的叶腋处，花冠金黄色，5瓣。

用途
用于园林观赏。

分布
原产热带美洲。

观赏地
经济植物区、奇异植物室、热带雨林温室。

❀ 花期

| 1 | 2 | 3 | 4 | 5 | 6 | 7 | 8 | 9 | 10 | 11 | 12 | 月份 |

Zephyranthes grandiflora Lindl.

韭莲
风雨花
红玉帘
菖蒲莲

石蒜科。多年生球茎草本。基生叶线形。花玫瑰红色或粉红色，喇叭状，从管状、淡紫红色的总苞内抽出，单生于花茎顶端，花被裂片6，花药丁字形着生。

用途
园林上常成片种植形成地被。以此花入药，有平肝熄风、散热解毒的功能。在云南省西双版纳地区，笃信南传上座部佛教的傣族人民将其奉为"神花"，用来礼佛。

分布
原产中、南美洲。各地公园、庭园常有栽培。

观赏地
棕榈园、岭南郊野山花区。

❀花期

| 1 | 2 | 3 | 4 | 5 | 6 | 7 | 8 | 9 | 10 | 11 | 12 | 月份 |

是奇特的热感性植物。在夏季台风、暴雨来临前，天气闷热、气压低、气温升高，水份蒸腾量大，其鳞茎内开花激素会倍增，刺激花芽快速形成而大量开花，这种特性使它能感知风雨的来临，故民间称它为"风雨花"。

Solandra guttata
D. Don

金杯花
金杯藤

初花时含苞待放，散发出阵阵浓郁的奶油蛋糕般甜蜜的香味。盛花时张开为喇叭状的花朵，像金色的奖杯，故称"金杯花"。除果实外全株有毒，误吃其花叶，会瞳孔放大，手脚浮肿，产生幻觉。

茄科。常绿藤状灌木。花形巨硕，花冠杯状，金黄色，有牛皮的质地，5裂，每一裂片中央有一条紫褐色条纹延伸至冠喉；雄蕊5枚，自花冠筒伸出。

用途
优良棚架植物，适合大型花架、荫棚及庭院栽植，也可盆栽观赏。

分布
原产中美洲。

观赏地
沙漠植物室、蕨园、标本园。

❀ 花期
| 1 | 2 | 3 | 4 | 5 | 6 | 7 | 8 | 9 | 10 | 11 | 12 | 月份 |

Limnophila heterophylla (Roxb.) Benth.

异叶石龙尾
中宝塔草

玄参科。多年生水生草本。叶二型，沉水叶多裂，裂片毛发状；气生叶对生或轮生，不分裂，多少具圆齿，基部稍抱茎，具 3 – 5 条脉。顶生穗状花序；花冠淡紫色，无毛。

用途
用于园林水景布置。

分布
广东、台湾、江西等省。东南亚也有分布。生于塘边水湿处。

观赏地
水生植物园。

❀ 花期

| 1 | 2 | 3 | 4 | 5 | 6 | 7 | 8 | 9 | 10 | 11 | 12 | 月份 |

异叶石龙尾属两栖植物，既可湿生又可沉水生长。沉水叶由于完全适应水生环境而成为毛发状裂片，形态奇特。

Hibiscus schizopetalus (Dyer) Hook. f.

吊灯扶桑
灯笼花
假西藏红花

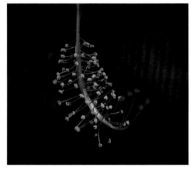

锦葵科。常绿直立灌木。花单生，花梗细瘦，花形奇特，如垂吊的花灯；花瓣5，红色，深细裂作流苏状，向上反曲；雄蕊柱长而突出。

用途
枝条下垂，绿叶婆娑，花朵玲珑可爱，是热带各国常见的园林观赏植物。

分布
原产热带东非。福建、台湾、广东、海南、广西和云南等地有栽培。

又名"裂瓣朱槿"。其花朵如吊灯般下垂，花瓣十分纤细精巧而向后反卷，因此又有"拱手花篮"的美名。喜光，喜温暖至高温气候，耐干旱，抗大气污染。干枝皮晒干后作木槿皮药用，此外根有消食行滞的功效，叶捣敷肿毒，能拔脓生肌。

观赏地
药园、彩虹桥头。

❀ 花期

| 1 | 2 | 3 | 4 | 5 | 6 | 7 | 8 | 9 | 10 | 11 | 12 | 月份 |

Mussaenda pubescens W.T. Aiton

玉叶金花
野白纸扇
良口茶

突出特征是萼片特别增大、醒目，以吸引昆虫传粉。一朵花的花萼五枚，其中一枚变为白色叶片状，被称为"玉叶"；花冠呈五角星状，金黄色，故名"金花"。

茜草科。直立或攀缘状灌木。叶对生或3枚轮生。顶生、伞房花序式的聚伞花序；花金黄色；萼片5枚，其中一枚变形为白色叶片状。

用途
藤与根可以入药，对预防流感和肠胃疾病效果显著。广西民间有采摘玉叶金花熬制防暑、解毒凉茶的习惯。

分布
广东、香港、海南、广西、福建、湖南、江西、浙江和台湾。

观赏地
经济植物区、棕榈园、药园、生物园、广州第一村、岭南郊野山花区。

✿ 花期

| 1 | 2 | 3 | 4 | 5 | 6 | 7 | 8 | 9 | 10 | 11 | 12 | 月份 |

🦋 果期

| 1 | 2 | 3 | 4 | 5 | 6 | 7 | 8 | 9 | 10 | 11 | 12 | 月份 |

Clerodendrum chinense var. *simplex*(Moldenke) S. L. Chen

臭茉莉

白花臭牡丹

朋必

为马鞭草科大青属植物，因其花瓣与茉莉花的花瓣相似，且具有茉莉花的清香，但有特殊的异味，故名。根和叶可入药，具有祛风除湿、活血消肿等功效。

观赏地
岭南郊野山花区、药园。

花期

| 1 | 2 | 3 | 4 | 5 | 6 | 7 | 8 | 9 | 10 | 11 | 12 | 月份 |

果期

| 1 | 2 | 3 | 4 | 5 | 6 | 7 | 8 | 9 | 10 | 11 | 12 | 月份 |

马鞭草科。常绿小灌木。叶阔卵圆形或近心形，粗糙，叶缘具波状齿。伞房状聚伞花序顶生，花大而多，花萼紫红色，花冠白色或淡粉红色。核果成熟时蓝紫色。

用途
粗生易种，枝繁叶茂，花团锦簇，适合于岩石旁、绿地边角或半阴暗潮湿的角落配置供绿化美化，也可盆栽观赏，有驱蚊的功效。

分布
广西、云南和贵州。

Muntingia colabura L.

文定果
南美假樱桃

椴树科。常绿小乔木,高6～12m。
单叶互生, 纸质, 长椭圆形,
先端急尖, 边缘有锯齿。花
1～2朵腋生, 花冠白色。浆
果圆形, 成熟时红色至深红色,
种子细小。

用途
适合作行道树、庭园树、诱鸟
树等。

分布
原产热带美洲和斯里兰卡、印
度尼西亚等地。华南地区有零
星种植。

果可食, 成熟时红色, 像樱桃,
果肉柔软多汁, 味微甜, 风味独
特, 是一种具有开发前景的热带
水果。通过人工种植培育, 品质
改善, 可成为优质的水果。文定
果适合海南、广东、广西、福建、
台湾等地的气候条件, 种子成熟
后在适宜的生长环境下可野外
自行繁衍成当地的野果, 是当地
鸟类的食物。

观赏地
生物园、广州第一村、热带
雨林温室。

❀ 花期

1	2	3	4	5	6	7	8	9	10	11	12	月份

🌼 果期

1	2	3	4	5	6	7	8	9	10	11	12	月份

Chroesthes lanceolata (T. Anders.) B. Hansen

色萼花
林生色萼花

爵床科。灌木。花冠2唇形，白色，带粉红色或紫色的点，后方2冠檐裂片在其一半处联合，前方3枚分离。

用途
园林观赏。

分布
云南、广西。越南、老挝、泰国、缅甸也有。

隶属于爵床科色萼花亚族色萼花属，有3～4个种名，实为色萼花1种。1867年Thomas Anderson命名了采自广西扶绥的标本，1918年William Wright Smith命名了Henry采自云南思茅的标本，1927年Raymond Benoist命名了采自云南勐腊的标本。1973年E. Hossain和1983年Hansen研究了这些植物。经核对模式，Hansen（1983）根据国际植物命名法规选用了Chroesthes lanceolata为色萼花的种名。

观赏地
珍稀濒危植物繁育中心。

❀ 花期

| 1 | 2 | 3 | 4 | 5 | 6 | 7 | 8 | 9 | 10 | 11 | 12 月份 |

Viburnum fordiae
Hance

南方荚蒾

东南荚
火柴子树
猫屎果

其学名中的种加词 fordiae 为纪念英国植物学家 Charles Ford。Ford 于 1871 年任香港植物园（现香港动植物公园）首位园林监督（Superintendent of Gardens），后到西江、广西、广州、北江等地采集标本。在他所采集的标本中，至少有 134 种新植物。

忍冬科。灌木或小乔木。叶边缘有小尖齿，侧脉明显。白色小花排成密密匝匝的复伞形式聚伞花序。果实鲜红如珠，缀满枝头。

用途
根、茎叶可入药，有祛风清热，散瘀活血之功效。

分布
广东、安徽、湖南、广西、贵州、福建、江西、浙江、云南。

观赏地
珍稀濒危植物繁育中心。

❀ 花期

1	2	3	4	5	6	7	8	9	10	11	12	月份

Paphiopedilum hirsutissimum (Lindl. ex Hook.) Stein

带叶兜兰

拖鞋兰

兰科。地生或半附生植物。叶色常绿，带状。花葶直立，深紫色；花瓣先端扭曲，下部边缘皱波状，唇瓣成兜状，像拖鞋。

用途

高档室内盆栽观花植物。

分布

云南、贵州、广西等地。

观赏地

兰园、奇异植物室。

❀ 花期

| 1 | 2 | 3 | 4 | 5 | 6 | 7 | 8 | 9 | 10 | 11 | 12 | 月份 |

兜兰属学名 Paphiopedilum 源于希腊文。Paphos 是爱琴海赛普鲁斯岛上的一个地名，以供奉爱神 Venus 的庙闻名，Pedilon 是拖鞋的意思，因兜兰的唇瓣与拖鞋头相似，故又名"拖鞋兰"。

Hypericum monogynum L.

金丝桃

金线蝴蝶
金丝海棠

金丝桃的叶有被称为"油点"的分泌囊，是由一些分泌细胞形成的，亦称"分泌腔"，腔室内的分泌物大多是挥发油。开花时基部合生的细长雄蕊伸出花被，灿若金丝，十分艳丽夺目。金丝桃含有金丝桃素类物质，具有抗抑郁、抑制中枢神经、增强免疫功能和显著的抗病毒作用，可用于艾滋病的治疗。

金丝桃科。半常绿小灌木。叶常抱茎对生。3～7朵小花组成的聚伞花序顶生；花瓣5，金黄色；雄蕊多数，呈5束，花丝灿若金丝。

用途
枝叶清秀，花色明亮，是重要的园林观花树种。果实及根入药，能清热解毒、祛风除湿。

分布
我国中部及南部地区。

观赏地
生物园、杜鹃园、岭南郊野山花区、高山极地室。

❀ 花期

1	2	3	4	5	6	7	8	9	10	11	12	月份

Neomarica gracilis (Herb.) Spraguc

巴西鸢尾

马蝶花
鸢尾兰
玉蝴蝶

鸢尾科。多年生草本。叶从基部根茎处抽出，呈扇形排列。花被6枚，外轮3枚白色、外卷，基部有黄色或棕色斑，内轮3枚蓝紫色，较小，形状似蝴蝶。

用途
园林上用作地被植物。

分布
原产墨西哥至巴西一带。

观赏地
热带雨林温室、药园。

✿ 花期

1	2	3	4	5	6	7	8	9	10	11	12	月份

易种植，喜土壤湿润，夏季勿缺水。对环境光照忍受能力很强，各种光照条件都可生长良好，但半日照或有遮阴环境有利于叶子青翠繁盛，因此墙边、树荫下、室内明亮处是理想的栽培地点。

Macrozamia moorei F. Muell.

澳洲苏铁
摩尔大泽米

泽米科。乔木,高可达7m,树干直径可达50~80cm。植株棕榈形,茎单生。叶羽状,簇生于主干顶端,基部的羽片刺状,小叶稍向下弯曲。雌雄异株。

用途
是世界上最大的苏铁之一,具有较高的园林观赏价值。适合于庭园或公园内种植供观赏。

分布
原产澳大利亚。热带、亚热带地区有分布。

观赏地
澳洲园、沙漠植物室。

❀ 花期

| 1 | 2 | 3 | 4 | 5 | 6 | 7 | 8 | 9 | 10 | 11 | 12 | 月份 |

小孢子叶球纺锤状,具柄,常数枚集生茎顶,非常壮观。适应性强,生长于土层薄且贫瘠的石地上,是澳大利亚优美的庭园树种之一。澳大利亚每隔十年左右就会发生一次大规模的森林火灾,由于摩尔大泽米主干坚硬似铁且含水量丰富,往往能"火里逃生",幸免于难。

Iris laevigata Fisch.

燕子花

平叶鸢尾
光叶鸢尾

生于沼泽地、河岸边的湿地，在云南生于海拔1890～3200m的高山湿地。但有人认为云南的燕子花是栽培的，可能已经归化。燕子花是著名的观赏花卉，世界各地植物园广泛栽培。

在日本有1000多年的栽培历史。2004年发行的新版日元五千元纸钞背面印有燕子花图案。人们赋予燕子花"幸运到来"之意。

多年生草本。根状茎粗壮。叶剑形或宽条形，宽0.8～1.5cm，顶端渐尖，无明显的中脉。苞片披针形；花大，蓝紫色，直径9～10cm；外花被裂片倒卵形或椭圆形，中央呈沟状，鲜黄色。蒴果椭圆状柱形。

用途
园林观赏。可丛植于水池、假山之一隅，又可片植于湿地、林下，盆栽观赏效果也佳。

分布
原产黑龙江、吉林、辽宁。亚洲东北部也有分布。

观赏地
水生植物园、温室群景区。

❀ 花期

1	2	3	4	5	6	7	8	9	10	11	12	月份

Melastoma sanguineum Sims

毛稔

甜娘
开口枣
射牙郎

野牡丹科。灌木。枝、叶背脉上及果均被长粗毛。叶片上面绿色，背面常呈红色，有主纵脉5条。花大，紫红色，花瓣5~7片，勺形。杯状果。

用途
树皮含单宁；全株含黄酮甙、酚类、氨基酸、糖类成分，有收涩止血之效。木材纹理细致，可作玩具用材。果可食。

分布
我国南部以及印度、马来西亚等地，喜温暖湿润的气候。

葡萄牙殖民澳门时于1992年确定毛稔为澳门市花。1999年澳门回归后，莲花被确定为澳门特别行政区的区花。

观赏地
高山极地室、能源园、药园。

❀ 花期

1	2	3	4	5	6	7	8	9	10	11	12	月份

Amorphophallus paeoniifolius
(Dennst.) Nicolson.

疣柄魔芋
尸花

天南星科。草本。叶柄高大粗壮，可达 2m 左右，表面粗糙，具绿色不规则白斑和大量疣凸。花序大而奇特，呈倒立的古钟状，外被佛焰苞，高约 30cm，口部直径约 40cm，外面上部紫色，下部绿色，饰以白色斑纹，内面深紫色，肉穗花序深深地藏于佛焰苞中。

用途
块茎可加工制作多种食品，如糖水、豆腐、酒等。有降血脂、血清胆固醇及消肿攻毒等医疗保健作用。

🌸 花期

| 1 | 2 | 3 | 4 | 5 | 6 | 7 | 8 | 9 | 10 | 11 | 12 | 月份 |

"疣柄"之名取自其花序柄和叶柄有疣状突起。花开后会散发出腐尸般的恶臭味。花开时节，雄性小花释放热量使佛焰苞的温度急剧上升，高温让腐尸味更加浓烈。循味而来的甲虫带着其他花朵的花粉来到了佛焰苞底部，那里有大量的雌花，雌花的分泌物为甲虫所喜好并吸食，藉此甲虫完成异花传粉。此花花开 4～5 天，但恶臭仅几小时，恶臭期间完成传粉。

分布
云南、广西、广东。越南、泰国也有，常栖身热带和亚热带林下，喜潮湿的空气，肥沃而湿润的土壤。

观赏地
奇异植物室、热带雨林温室。

Gardenia sootepensis Hutch.

大黄栀子
云南黄栀子

茜草科。乔木。小枝常具明显的节。叶纸质或革质；托叶合生成管状。花大，直径约 7cm，芳香，花冠黄色或白色，高脚碟状，裂片 5；雄蕊 5 枚，着生在花冠喉部。

用途
花朵可用于提取栀花黄色素，用作食品添加剂。果成熟时可食用，傣族妇女亦用来洗头发。

分布
云南澜沧、勐海、景洪、勐腊等地。老挝、泰国也有。

观赏地
园林树木区、标本园。

✿ 花期

| 1 | 2 | 3 | 4 | 5 | 6 | 7 | 8 | 9 | 10 | 11 | 12 | 月份 |

栀子属的大黄栀子、栀子的果实中均含有黄色色素，这种物质对碱、热稳定，无毒，着色力强，常作为食品添加剂用于食品染色。

Mussaenda frondosa L.

洋玉叶金花
白纸扇

茜草科。攀缘灌木。叶对生，薄纸质，脉上有柔毛。聚伞花序顶生；叶状萼片大，白色，长圆形；小花金黄色，五角星形。

用途
园林观赏。

分布
越南、柬埔寨、印度尼西亚及印度；广东、海南和香港有栽培。

观赏地
凤梨园、药园、温室群景区。

❀ 花期

1	2	3	4	5	6	7	8	9	10	11	12	月份

为茜草科玉叶金花属植物，最重要的特征是一朵花的五枚萼片中有一枚会变形成叶片状。种加词 Frondosa 意为"叶状的"，指花萼叶片状。

Lysimachia alfredii
Hance

广西过路黄
四叶一枝花

是颇具乡土气息的野花。开花季节，在绵延数十里的野外山地到处都能见，朵朵黄色的小花点缀在荒坡草地上，星星点点，成片成丛，景观壮丽。

报春花科。多年生草本。茎簇生，直立或基部倾卧生根。叶对生，顶端的密集成轮生状。花集生茎端，花梗短，花冠黄色，裂片披针形，有黑色腺条。

用途
全草入药，治黄疸肝炎、尿道结石、尿道感染等症。

分布
福建、广东、广西、湖南。

观赏地
高山极地室。

❀ 花期

1	2	3	4	5	6	7	8	9	10	11	12	月份

Viburnum hanceanum Maxim.

蝶花荚蒾

蝴蝶树
假沙梨

喜温暖湿润、半阴的环境，抗寒性较强。聚伞花序半球状，外围白色如蝶舞的花是不孕花，中间的黄色小花担任传宗接代的功能。广州常见，模式标本采自白云山。

忍冬科。落叶性灌木至小乔木。枝叶被黄褐色或锈色星状毛。叶纸质，近圆形或椭圆形，边缘除基部外有锯齿。聚伞花序伞房状，花稀疏，形似蝴蝶，外围具 2 ~ 5 朵白色、较大型的不孕花；可孕花黄白色。果实卵圆形，红色。

用途
花形优美，花色洁白，为良好的园林观花植物。根、茎可药用，有舒肝气、化瘀利湿、清热解毒、健脾消积之效。

分布
江西、福建、湖南、广东及广西。

观赏地
环园路兰园路段。

✿ 花期

1	2	3	4	5	6	7	8	9	10	11	12

Caesalpinia minax Hance

喙荚云实

南蛇
鬼棒头

隶属于云实属，属名 Caesalpinia 是为纪念意大利植物学家 Andreas Caesalpini（1519–1603 年）而命名的。Caesalpini 于 1555–1558 年任意大利 Pisa 植物园主任。他继承了亚里士多德的方法，基于植物乔木、灌木和草本习性，使用花、果实和种子特征对植物命名，并使用逻辑分析理解植物类群的关系，于 1583 年发表了《De Plantis Libri XVI》，被认为是第一个科学的有花植物分类系统，Caesalpini 被认为是第一个植物分类学家。

苏木科。有刺藤本。二回羽状复叶。花瓣 5 枚，白色，有紫色斑点。荚果先端有喙，果瓣表面密生针状刺。

用途
种子入药，名苦石莲，性寒无毒，开胃进食，清心解烦，除湿去热。

分布
广东、广西、云南、贵州、四川。福建有栽培。

观赏地
广州第一村、药园、生物园。

✿ 花期

| 1 | 2 | 3 | 4 | 5 | 6 | 7 | 8 | 9 | 10 | 11 | 12 | 月份 |

Mussaenda erosa
Champ.ex Benth.

楠藤
野白纸扇
厚叶白纸扇

茜草科。攀缘灌木。叶对生，两面无毛或近无毛。聚伞花序略开展；小花金黄色，白色萼片广椭圆形。浆果肉质。

用途
茎、叶和果均入药，有清热消炎功效，可治疥疮积热。

分布
广东、香港、广西、云南、四川、贵州、福建、海南和台湾。

花萼扩大成醒目的白色叶片状，具长柄，通常称为"花叶"。"花叶"是玉叶金花属植物的普遍特征。茎、叶药用，名"大茶根"，微甘、性凉、清热解毒、用于疥疮、热积、疮疡肿毒，烧、烫伤。海南民间常用于治猪的各种炎症。

观赏地
凤梨园、药园、温室群景区。

❀ 花期

1	2	3	4	5	6	7	8	9	10	11	12	月份

Spathodea campanulata P. Beauv.

火焰木
苞萼木
喷泉树

花朵多而密集，花色猩红，形如火焰，故名。又因其花朵形似郁金香，故英文名意为郁金香树。在热带非洲，其花朵可储存雨水或露水，故称之喷泉树。

紫葳科。乔木。大型羽状复叶，对生。总状花序由近百朵花组成。花朵向一侧开放，呈扇状宽钟形，花冠5裂，橙色至深桔红色，边缘为粗齿状波边，最外缘金黄色。

用途
火焰木树姿优雅，树冠广阔，全年均可开花，是热带、亚热带地区优良的庭园风景树和行道树种。

分布
原产非洲。

观赏地
热带雨林温室、澳洲园。

❀ 花期

| 1 | 2 | 3 | 4 | 5 | 6 | 7 | 8 | 9 | 10 | 11 | 12 | 月份 |

Macaranga tanarius (L.) Müll. Arg.

血桐

象耳树
流血桐
帐篷树

因其枝条破损或折断后流出的汁液被氧化后呈血红色，仿佛流血一般，便得名血桐。此外由于其叶子看起来犹如大象的耳朵，故也有象耳树（elephant's ear）的俗名。

大戟科。常绿乔木。叶盾状着生。雌雄异株。花细小，聚生于叶腋位置；花萼淡绿色，无花瓣。

用途
木材轻软，可供建筑及制造箱板；树皮及叶的粉末可当防腐剂；树叶可当羊、牛或鹿的饲料；树皮和根均可入药，分别有治疗痢疾和咳血之效。树冠整齐，生长迅速，是良好的景观美化树种。

分布
台湾、广东。日本、越南、泰国、缅甸、马来西亚、印度尼西亚、澳大利亚均有分布。

观赏地
能源园、热带雨林温室、姜园。

🌸 花期

1	2	3	4	5	6	7	8	9	10	11	12

🦋 果期

1	2	3	4	5	6	7	8	9	10	11	12	月份

Gmelina arborea Roxb.

云南石梓

滇石梓
酸树

马鞭草科。落叶乔木，树干直。叶广卵形，近基部有2至数个黑色盘状腺点。聚伞状圆锥花序顶生；花冠黄色，二唇形。核果椭圆形，成熟时黄色，干后黑色。

用途

树形优美，花色亮丽，适宜热带庭园种植观赏。木材能耐干湿变化，变形小、不开裂、极耐腐，结构细致，纹理通直，可作造船、家具、室内装饰、制胶合板等用。

分布

云南南部。印度、孟加拉、斯里兰卡、缅甸、泰国、老挝及马来西亚也有分布。

观赏地

第一村、能源园、生物园、标本园、澳洲园、木兰园。

🌸 **花期**

| 1 | 2 | 3 | 4 | 5 | 6 | 7 | 8 | 9 | 10 | 11 | 12 | 月份 |

🕊 **果期**

| 1 | 2 | 3 | 4 | 5 | 6 | 7 | 8 | 9 | 10 | 11 | 12 | 月份 |

傣族人用云南石梓的花和糯米粉做成糯米粑，名"毫糯索"，一般在傣历新年时食用，相当于汉族的年糕。制作方法是将云南石梓的花采下来晒干，研磨成粉，与糯米干浆、红糖、芝麻、花生等混合在一起，拌匀，切成块状，用芭蕉叶包好，最后放在甑子里蒸熟，味道香甜可口。

Ardisia obtusa Mcz

铜盆花

钝叶紫金牛

山巴

紫金牛科。灌木。叶片坚纸质，倒卵形，顶端急尖、钝或圆形。花序顶生；花小，淡紫色或粉红色。果球形，黑色。

用途
用于绿化观赏。

分布
广东、广西、海南。越南也有。

紫金牛属植物分布于热带和亚热带地区，我国主产长江以南地区。该属植物四季常青、树形优美、果实鲜亮，具有很高观赏价值。在1999年昆明世界园艺博览会上，获奖的虎舌红（*A. mamillata*）为室内观叶植物，朱砂根（*A. crenata*）为室内观果植物。该属还有些种类可以入药，如朱砂根和罗伞树（*A. quinquegona*）为民间常用跌打药。

观赏地
植物分类区、经济植物区、药园、高山极地室、苏铁园。

✿ 花期

1	2	3	4	5	6	7	8	9	10	11	12	月份

🌿 果期

1	2	3	4	5	6	7	8	9	10	11	12	月份

Ardisia humilis
Vahl

矮紫金牛
大叶紫钱

四季常绿，冠型优美，花序大型，果繁密，花果色泽鲜艳，是优良的观叶、观花、观果树种。具有较强的耐荫性，可在密林、浓荫下、光照较少的庭院中丛植、群植、片植。耐修剪。采用播种繁殖，发芽率在90%以上。

紫金牛科。常绿灌木。树冠伞状，叶色深绿油亮。由多数伞形花序组成的金字塔形的圆锥花序着生于特殊的粗壮侧生花枝顶端；花粉红色或红紫色。小果球形，暗红色。

用途
叶大亮绿，花果艳丽，可在室内盆栽观赏，也可作绿篱或庭院布置。树皮含单宁，亦供药用，可治头痛、便血等症。

分布
海南。越南也有。

观赏地
热带雨林温室、广州第一村、药园。

❀ 花期
| 1 | 2 | 3 | 4 | 5 | 6 | 7 | 8 | 9 | 10 | 11 | 12 | 月份 |

🍇 果期
| 1 | 2 | 3 | 4 | 5 | 6 | 7 | 8 | 9 | 10 | 11 | 12 | 月份 |

Rhodomyrtus tomentosa (Aiton) Hassk.

桃金娘

山稔子
岗稔

桃金娘科。常绿灌木。叶对生。花淡红色至紫红色，花瓣5，倒卵形，花丝粉红色。浆果卵状壶形，先青而黄，再黄而赤，后赤而紫。

用途
根含酚类、鞣质等，可治疗慢性痢疾、风湿病、肝炎，还有降血脂的功效。果实泡酒，可以活络血脉，美容养颜。花多果甜，还是优良的园林观赏树种。

分布
台湾、福建、广东等地。

观赏地
山茶园、广州第一村。

❀ 花期

| 1 | 2 | 3 | 4 | 5 | 6 | 7 | 8 | 9 | 10 | 11 | 12 | 月份 |

🦋 果期

| 1 | 2 | 3 | 4 | 5 | 6 | 7 | 8 | 9 | 10 | 11 | 12 | 月份 |

南方佳果，味道甜美，生津止渴，回味甘甜。历史上大灾之年或逃避战乱的年代，老百姓依靠采摘其果实来度过饥荒，故亦名逃饥粮、逃军粮。

Rosa laevigata Michx.

金樱子

刺梨子
山石榴
山鸡头子
糖果
刺糖罐

"金樱子"原为"金罂子"。"罂"指大腹小口的瓶子,形容它的成熟果实形态,但在后世传抄中却误为"金樱子"。

蔷薇科。常绿攀缘灌木。小枝粗壮,散生扁弯皮刺。叶边缘具锐锯齿。花白色,雄蕊多数。果熟时红色,梨形或倒卵形。

用途
优良观花藤本植物,可用于垂直绿化。果实可熬糖和酿酒,入药有利尿、补肾作用;根皮可提制栲胶,根药用,能活血散瘀、拔毒收敛、祛风驱湿;叶有解毒消肿作用。

分布
华中、华东、华南及西南多地。

观赏地
药园、广州第一村。

❀ 花期

1	2	3	4	5	6	7	8	9	10	11	12	月份

🐝 果期

1	2	3	4	5	6	7	8	9	10	11	12	月份

Lysidice brevicalyx Wei

短萼仪花
麻木
麻轧木

苏木科。常绿乔木。树身高大，树冠浑圆，枝条修长飘逸。羽状复叶有小叶 3 ~ 5 对。苞片白色，花瓣紫色或紫红色，开花时洁白的苞片与紫红的花瓣交相辉映，格外清雅。

用途
适宜配置作庭园风景树。

分布
广东、广西等地。

观赏地
植物分类区、生物园、药园、杜鹃园、能源园。

🌸 花期

| 1 | 2 | 3 | 4 | 5 | 6 | 7 | 8 | 9 | 10 | 11 | 12 | 月份 |

🦋 果期

| 1 | 2 | 3 | 4 | 5 | 6 | 7 | 8 | 9 | 10 | 11 | 12 | 月份 |

是优美的乡土园林景观树种，具典型的"变色花"特性，花未开时，花托呈嫩绿色，初开时花瓣为白色，盛开时变成紫色，可谓花色多变。因花容娇艳，适合装点服饰及在社交场合用来布置场景，故名。

Talauma hodgsonii
J.D. Hooker &
Thoms.

盖裂木

盖裂木的果实为蓇葖果，成熟时盖裂，即沿腹缝线开裂，背缝线不开裂，如同盖子一样，故名。盖裂木属是热带亚洲与热带美洲的间断分布属，其现代分布中心有两个，一个是亚洲的印度尼西亚（9种）及马来西亚（8种），另一个是北美的墨西哥及安的列斯群岛（5种）。

木兰科。乔木。叶革质，倒卵状长圆形，托叶痕几达叶柄顶端。花梗粗壮，苞片紫色；花被片9，厚肉质，外轮3片卵形，背面草绿色，内2轮乳白色，较小。聚合果卵圆形。

用途
叶大浓绿，花大芳香，适合作园景树、行道树。国家保护植物。

分布
西藏南部及云南东南部。不丹、印度、缅甸、尼泊尔、泰国亦有分布。

观赏地
木兰园。

❀ 花期

| 1 | 2 | 3 | 4 | 5 | 6 | 7 | 8 | 9 | 10 | 11 | 12 | 月份 |

🐛 果期

| 1 | 2 | 3 | 4 | 5 | 6 | 7 | 8 | 9 | 10 | 11 | 12 | 月份 |

Kigelia africana
(Lam.) Benth.

吊瓜树
吊灯树
羽叶垂花树

紫葳科。乔木。花桔黄色或褐红色。果实圆柱形，粗如碗口，果肉木质化，似瓜非瓜，倒挂枝头，经久不落。

用途
树体高大，冠幅广圆，是优良的园林树种。树皮可用于治疗皮肤病。

分布
原产西非。广东、海南、广西、云南等地有引种栽培。

观赏地
广州第一村、木本花卉区、岭南郊野山花区、生物园、热带雨林温室、园林树木区。

花期

1	2	3	4	5	6	7	8	9	10	11	12	月份

果期

1	2	3	4	5	6	7	8	9	10	11	12	月份

一株丰产吊瓜树的大树，年产鲜果 80～150 个，果形硕大，果期长达半年，吊挂枝头，久久不落，立于树下，令人顿有"瓜果满栅迎亲人"之遐想。但令人遗憾的是，吊瓜树的"瓜"不能吃，因其果实木质纤维极多。

Parakmeria yunnanensis Hu

云南拟单性木兰

云南拟克林丽木
黑心绿豆

我国特有种，国家III级保护植物，是木兰科从两性花退化为雄花及两性花异株的物种，具有重要的研究价值。天然资源量稀少，因天然林遭乱砍滥伐，生存受到威胁，残存的大树已不多见。加之因雄花及两性花异株，两性花植株较少，有些产地仅见雄株，幼树、幼苗极为罕见，若继续滥伐，将可能灭绝。云南西畴县小桥沟已规划为自然保护区，将此种列为保护对象。文山州林木种苗站从1990年开始，对这一树种的育苗技术进行研究，经过10余年的试验研究，初步掌握了该树种的育苗技术。

木兰科。常绿乔木。花杂性，白色，芳香；雄花花被片12，4轮，肉质，外轮红色，内3轮白色；两性花花被片及雄蕊与雄花同，雌蕊群具短柄。聚合果长圆状卵圆形，蓇葖菱形。

用途
树形优美，叶色浓绿，花美而芳香，适合作园景树、行道树。国家保护植物。

分布
云南东南部和广西北部。

观赏地
木兰园。

花期

| 1 | 2 | 3 | 4 | 5 | 6 | 7 | 8 | 9 | 10 | 11 | 12 | 月份 |

果期

| 1 | 2 | 3 | 4 | 5 | 6 | 7 | 8 | 9 | 10 | 11 | 12 | 月份 |

Pouteria campechiana (Kunth) Baehni

蛋黄果

狮头果
仙桃

山榄科。常绿小乔木。花小，白色，1～4朵聚生于叶腋。果球形，成熟时黄绿色至橙黄色，果肉橙黄色，富含淀粉，含水量少，质地似蛋黄且有香气，味略甜。

用途
树姿美丽，适合庭园栽培。其果实除生食外，可制果酱、冰奶油、饮料或果酒，据称有帮助消化、化痰、补肾、提神醒脑、减压降脂等功效。

分布
原产古巴和南美洲热带。广东、广西、云南南部和海南等地有栽培。

观赏地
大草坪、生物园、药园、广州第一村、热带雨林温室。

🌼 花期

| 1 | 2 | 3 | 4 | 5 | 6 | 7 | 8 | 9 | 10 | 11 | 12 | 月份 |

🍃 果期

| 1 | 2 | 3 | 4 | 5 | 6 | 7 | 8 | 9 | 10 | 11 | 12 | 月份 |

因其果肉酷似煮熟的鸡蛋黄而得名。蛋黄果是热带名优水果，有紫果和黄果两大类，常见的多为黄果，是一种极富市场开发前景的果树品种。

Lonicera japonica Thunb.

金银花
忍冬
金银藤

金银花生性强健，可抗 - 30℃
低温，故又名"忍冬花"。《本
草纲目》云："三月开花，长
寸许，一蒂两花。

忍冬科。多年生藤本。藤蔓纤细，
小叶对生。花长筒状，生于叶
腋，有香味。初开时花色洁白
如银，二三日后转为金黄色，
同一藤条上的花朵黄白相伴，
金银生辉。

用途
花、叶、根均可入药，干燥花
蕾或初开的花入药，具有清热
解毒的功效；以金银花泡水代
茶可治疗咽喉肿痛和预防上呼
吸道感染。金银花也是家庭栽
培花卉的宠儿，常见于篱垣、
阳台、绿廊、花架、凉棚等处
作垂直绿化，也可盆栽观赏。

分布
广布于我国多地。日本、朝鲜
有少量分布。

观赏地
热带雨林温室、药园、生物园、
岭南郊野山花区。

❀ 花期

| 1 | 2 | 3 | 4 | 5 | 6 | 7 | 8 | 9 | 10 | 11 | 12 | 月份 |

Hoya carnosa (L. f.) R. Br.

球兰
腊兰
腊花
瓷花
腊泉花

萝藦科。多年生蔓性草本。茎肉质；叶厚多肉，对生或三叶簇生。聚伞花序腋生，花冠肉质如腊，白色或带粉红红晕，心部淡红色或褐色，副花冠放射呈星状。

用途
著名观赏植物。全株供药用，民间用作治关节肿痛、眼目赤肿、肺炎和睾丸炎等。

分布
我国南部山林中。东南亚至澳大利亚也有。

观赏地
奇异植物室、热带雨林温室、药园。

✿ 花期

| 1 | 2 | 3 | 4 | 5 | 6 | 7 | 8 | 9 | 10 | 11 | 12 | 月份 |

星形小花簇生成近球状的聚伞花序，清雅芳香，看似美丽的花球，故名"球兰"。球兰有许多园艺品种，如白色斑叶、红色斑叶、卷曲叶、针形叶或长菱形叶等不同的品系，花色鲜艳、花型奇特，极具观赏性，用于装饰厅堂、居室，自然而大方，能给生活增添无穷的乐趣。其枝蔓柔韧，可在各种形式的框架上缠绕攀缘生长，多姿多彩。

Alpinia guinanensis D. Fang & X. X. Chen

桂南山姜

姜科。多年生草本，高约 3m。
叶长椭圆形。圆锥花序直立，
小苞片深红色。花冠裂片浅红
色，唇瓣卵形，有紫色条纹。
果球形，熟时红色。

用途
园林观赏和药用。

分布
广西南部特有。

观赏地
姜园。

✿ 花期

| 1 | 2 | 3 | 4 | 5 | 6 | 7 | 8 | 9 | 10 | 11 | 12 | 月份 |

本种是方鼎与陈秀香于 1982 年
发表的新种，模式标本采自广
西南部的隆安县。"桂"为广
西的简称，"桂南"即为广西
南部，故名之。

Vanilla planifolia
Andrews

香荚兰
香果兰
香子兰
香草兰

兰科。攀缘藤本，长可达数米。茎肥厚，每节生一片叶及一条气生根，叶肉质，扁平，椭圆形，先端渐尖。总状花序腋生，花瓣黄绿色，倒卵状长圆形，芳香；荚果肉质。

用途
果实含有香兰素（或称香草精），具有特殊香型，广泛用作奶油、咖啡、可可、巧克力、冰淇淋等高档食品的天然食用香料，有"香料之王"的美称。

分布
墨西哥。热带地区广泛栽培。

观赏地
兰园。

❀ 花期
| 1 | 2 | 3 | 4 | 5 | 6 | 7 | 8 | 9 | 10 | 11 | 12 | 月份 |

原产于墨西哥埃尔塔欣地区。早在哥伦布发现新大陆以前，墨西哥的阿兹特克人就知道如何使用当地香荚兰的果实经特别发酵后制成调味香精。在1841年之前，墨西哥是世界上香荚兰唯一的种植地。1519年西班牙殖民者荷南·科尔蒂斯入侵墨西哥，将香荚兰带回了欧洲。1841年，马达加斯加一位12岁的奴隶发明了人工授粉的方法，如今马达加斯加已成为世界上最大的香荚兰出产国。

Curcuma aromatica Salisb.

郁金
川玉金
毛姜黄

姜科。多年生宿根草本。穗状花序圆柱形，长约十几厘米。基部苞片淡绿色，内藏可育小花，花冠裂片白色，唇瓣黄色；上部苞片粉红色，苞内无花。

用途
根茎是传统的中药材，含姜黄素，可以行气解郁，凉血破瘀。

分布
我国东南部和西南部各省。

观赏地
姜园。

❀ 花期

| 1 | 2 | 3 | 4 | 5 | 6 | 7 | 8 | 9 | 10 | 11 | 12 | 月份 |

花葶单独由根茎抽出，与叶同时发出或先叶而出。本种以及姜黄、莪术、毛莪术的膨大块根均可作中药材"郁金"用，来自原植物郁金的称"黄丝郁金"，来自莪术的称"绿丝郁金"，来自毛莪术的则称"桂郁金"或"莪苓"。郁金和姜黄的块茎都是中药材"姜黄"的商品来源。

Rhodamnia dumetorum (DC.) Merr. & Perry

玫瑰木
红玫瑰木

玫瑰木是制作吉他乐器的上等木材，其中以巴西玫瑰木最好，但由于巴西玫瑰木已濒临灭绝，国际上已禁运。马达加斯加玫瑰木是巴西玫瑰木的良好替代品，但有可能也受到国际保护。2013年印度玫瑰木也大规模用于制作乐器。热带地区的玫瑰木密度比印度玫瑰木大，音色比印度玫瑰木更甜美。

夹竹桃科。常绿小乔木。全株有白色乳汁。叶近革质或坚纸质，常3枚轮生。花白色，芳香。果实成对生长，形似小桃，成熟时玫瑰红色，酷似长在树上的同心结。

用途
优良家具用材。

分布
海南岛南部。马来西亚及中南半岛等地也有。

观赏地
热带雨林温室、广州第一村。

❀ 花期

| 1 | 2 | 3 | 4 | 5 | 6 | 7 | 8 | 9 | 10 | 11 | 12 | 月份 |

🐛 果期

| 1 | 2 | 3 | 4 | 5 | 6 | 7 | 8 | 9 | 10 | 11 | 12 | 月份 |

Artocarpus communis J. R. Forst.& G. Forst.

面包树
面包果树

桑科。常绿乔木，全株含乳汁。叶片羽状深裂，浓绿光亮。雌雄同株，雄花序棍棒状，雌花序球形。果实成熟时黄色，外有角形之瘤突，内白色肉质。

用途
树形优美，四季郁郁葱葱，适合作庭园树、风景树、行道树。木本粮食植物。叶可用于编织帽子，木材可供建筑用材。

分布
中南半岛、印度、太平洋的一些群岛上。台湾、海南有栽培。

观赏地
经济植物区、奇异植物室、热带雨林温室。

❀ **花期**

| 1 | 2 | 3 | 4 | 5 | 6 | 7 | 8 | 9 | 10 | 11 | 12 | 月份 |

🍂 **果期**

| 1 | 2 | 3 | 4 | 5 | 6 | 7 | 8 | 9 | 10 | 11 | 12 | 月份 |

面包树肉质果实富含淀粉，果实烤制后松软可口，酸中带甜，风味似面包，故名面包树。台湾阿美族和达悟族人都会取食面包树的果实；其白色乳汁亦当成口香糖咀嚼。与其中文名极相似的猴面包树（*Adansonia digitata* L.）原产热带非洲，为木棉科大型乔木，树形壮观，果实巨大如足球，甘甜多汁，是猴子、猩猩、大象等动物喜欢的美味。

Bauhinia corymbosa Roxb. ex DC.

首冠藤
深裂叶羊蹄甲
药冠藤

苏木科。常绿木质藤本。嫩枝、花序和卷须被红棕色小粗毛。叶先端深裂达3/4。花芳香；花瓣白色，有粉红色脉纹，边缘皱曲；花丝淡红色。荚果带状长圆形，扁平。

用途
新叶和卷须优美飘逸，叶子精美小巧，花色淡雅怡人，果实红艳可爱，是理想的木本攀缘花卉和垂直绿化植物。

分布
广东、广西、海南。越南也有。

观赏地
热带雨林温室、生物园、裸子植物区、岭南郊野山花区。

❀ 花期

| 1 | 2 | 3 | 4 | 5 | 6 | 7 | 8 | 9 | 10 | 11 | 12 | 月份 |

🍂 果期

| 1 | 2 | 3 | 4 | 5 | 6 | 7 | 8 | 9 | 10 | 11 | 12 | 月份 |

与孪叶羊蹄甲（*B. didyma*）相似，但首冠藤的叶深裂，所以又叫"深裂叶羊蹄甲"，略显纤巧，而孪叶羊蹄甲是全裂而成为两小片。

Erythrina crista-galli L.

鸡冠刺桐
美丽刺桐

开花期间，长长的花序轴上似乎挂满了一串串美丽的鸡冠，故名"鸡冠刺桐"。因原产于巴西，又名"巴西刺桐"。花期为暮春和夏季，且花期较长，花形独特，花繁且艳丽，是一种难得的夏季观花树种。同时它也是招花引蝶和诱鸟的好树种之一。通常采用播种繁殖，宜随采随播。

蝶形花科。落叶小乔木。茎和叶柄稍具皮刺。三出复叶，小叶长卵形。花冠蝶形，深红色，旗瓣倒卵形，特化成匙状，如一个个美丽的鸡冠挂在长长的花序轴上。

用途
适作行道树、园景树。

分布
原产巴西。我国台湾、福建、广东、广西和云南等地有栽培。

观赏地
药园、广州第一村、岭南郊野山花区、木本花卉区。

❀ 花期

| 1 | 2 | 3 | 4 | 5 | 6 | 7 | 8 | 9 | 10 | 11 | 12 | 月份 |

🦋 果期

| 1 | 2 | 3 | 4 | 5 | 6 | 7 | 8 | 9 | 10 | 11 | 12 | 月份 |

Dalbergia odorifera T.C. Chen

降香黄檀

黄花梨
花梨木
降香
降香檀

国家Ⅱ级重点保护植物，是珍贵的材用树种，心材极耐腐，纹理美致，且香气经久不灭，为名贵家具、工艺品的上等木材，称为"花梨木"，与紫檀木、鸡翅木、铁力木并称中国古代四大名木。

❀ 花期

| 1 | 2 | 3 | 4 | 5 | 6 | 7 | 8 | 9 | 10 | 11 | 12 | 月份 |

🦋 果期
| 1 | 2 | 3 | 4 | 5 | 6 | 7 | 8 | 9 | 10 | 11 | 12 | 月份 |

蝶形花科。乔木。树皮褐色或浅褐色，粗糙，有纵裂槽纹。奇数羽状复叶，有小叶3～6对。圆锥花序腋生，蝶形花冠，花乳白色或淡黄色。荚果舌状长圆形，种子的部分明显凸起。

用途
木材质优，边材淡黄色，质略疏松，心材红褐色，坚重，纹理致密，为上等家具良材；有香味，可作香料；根部心材名降香，供药用。为良好的镇痛剂，又治刀伤出血。

分布
海南特有。生于中海拔山坡疏林、林缘或空旷地。

观赏地
热带雨林温室、生物园、广州第一村、植物分类区。

Fuchsia hybrida Hort. ex Sieb. & Voss.

倒挂金钟

灯笼花

吊钟海棠

柳叶菜科。常绿亚灌木。叶对生或三片轮生。花单生于叶腋，下垂生长；花朵有单瓣和重瓣之分，萼片红色，花冠有紫、蓝、白、玫瑰红、粉红等颜色，朵朵成束，好似铃铛吊挂。

用途

广东传统的年花，为大型插花不可缺少的材料。其花朵与绿茶加在一起冲泡，还具有减肥消斑、美容养颜，去火、平肝明目等功效。

分布

原产美洲热带及新西兰，现世界各地广泛栽培。

观赏地

高山极地室、热带雨林温室。

❀ **花期**

| 1 | 2 | 3 | 4 | 5 | 6 | 7 | 8 | 9 | 10 | 11 | 12 | 月份 |

属名 Fuchsia 源于 16 世纪德国草药医生 Fuchs 的名字，以此纪念他对药用植物研究的贡献。倒挂金钟种类繁多，目前主要花色有红、紫、白三种。人们赋予倒挂金钟光明、活力、圆满、富贵、诚实和憨厚的寓意。

Nuphar pumilum (Hoffm.) DC.

萍蓬草

黄金莲
萍蓬莲

为浮叶型水生草本植物，绿油油的叶片，基部开裂呈深心形，与睡莲极为相似，故又称"黄金莲"、"萍蓬莲"等。根茎和叶柄中有大量的管道和空腔，能很好适应水生环境。研究表明，萍蓬草对水体中氨氮、硝态氮、磷等污染物有较强的去除能力。

睡莲科。多年生水生草本。叶飘浮水面，椭圆形或卵形，表面绿色，滑润有光泽，叶背面紫红色，密被细毛。花黄色，花瓣多数，甚短小。果实具宿存的柱头及萼片。

用途
常用于池塘水景布置。根状茎食用，又供药用，有强壮、净血作用。

分布
广东、福建、江苏、浙江、江西、四川、吉林、黑龙江、新疆等地。生于湖泊沼泽中。

观赏地
水生植物园。

✿ 花期

| 1 | 2 | 3 | 4 | 5 | 6 | 7 | 8 | 9 | 10 | 11 | 12 | 月份 |

🦋 果期

| 1 | 2 | 3 | 4 | 5 | 6 | 7 | 8 | 9 | 10 | 11 | 12 | 月份 |

Tacca chantrieri André

老虎须

箭根薯
蝙蝠花
魔鬼花

蒟蒻薯科。多年生草本。叶片丛生。丝状小苞片下垂，长达几十厘米，形如胡须，大苞片 2 枚，紫黑色，垂直排列；花紫褐色。

用途
国家Ⅲ级保护植物。花朵奇特，极具观赏价值。全株有毒；根状茎药用，可治胃肠溃疡、高血压、肝炎，外敷治烧伤、烫伤、疮疡。

分布
广东、广西、云南。印度东北部至中南半岛也有。

观赏地
生物园、热带雨林温室。

❀ 花期

| 1 | 2 | 3 | 4 | 5 | 6 | 7 | 8 | 9 | 10 | 11 | 12 | 月份 |

花序看似一张呲牙咧嘴的老虎脸，也像飞舞的蝙蝠，加上它独具晦暗颜色，被称为"老虎须"、"蝙蝠花"或"魔鬼花"。

Wrightia religiosa (Teijsm. & Binn.) Benth. ex Kurz

泰国倒吊笔
水梅
无冠倒吊笔

夹竹桃科。灌木或小乔木,枝条四散生长,高可达6m。叶对生。聚伞花序顶生于小枝端;花柄细长,花瓣5枚,花朵洁白秀气,芳香。蓇葖果长线形,2个对生,状如豆荚。

用途

东南亚地区常见绿篱植物,常种植于寺庙内;分枝性好、枝叶浓密、花朵芳香,是制作盆景的优良树种,也常被修剪成各种图案于公园中造景。根和叶供药用,根可治皮肤病,叶有止痛和降血压等功效。

分布

原产泰国和越南。

英文名为"Water Jasmine"(水茉莉)。在雨量充沛时开花旺盛,花朵形如梅花,散发出优雅的芳香,尤其在雨后或湿度大的环境下,香味更为浓郁,故有"水梅"之名。而中文名"无冠倒吊笔"倒多了几许古意。在泰国、越南等东南亚国家,经常种植于寺庙内,于是有"Sacred Buddhist"(神圣的佛教徒)之名。其树干苍老,盘根错节,枝繁叶茂,开花时串串白花,花香扑鼻,是东南亚一带主要的树桩盆景材料,深受人们喜爱。

观赏地

奇异植物室。

❀ 花期

1	2	3	4	5	6	7	8	9	10	11	12	月份

Kopsia officinalis Tsiang & P. T. Li

云南蕊木
梅桂
马蒙加锁

夹竹桃科。常绿小乔木，具乳汁。叶对生，椭圆形或长圆形。聚伞花序顶生；花冠高脚碟状，花色洁白素雅，中心一点红。

用途
果实、叶可入药，主治咽喉炎，扁桃体炎等症。

分布
产云南南部。

观赏地
岭南郊野山花区、能源园、生物园、药园。

❀ 花期
| 1 | 2 | 3 | 4 | 5 | 6 | 7 | 8 | 9 | 10 | 11 | 12 | 月份 |

生于海拔 500～800m 山地疏林中或山地路旁。是西双版纳地区傣族的民间传统草药。种加词 officinalis 意思是"药用的"。树皮煎水治水肿；果实、叶有消炎止痛、舒筋活络的功效。

Crescentia cujete L.

铁西瓜
炮弹果
葫芦树

为热带雨林典型的"老茎生花"植物，果实单生于小枝或老茎，倒挂枝头，酷似从天而降的炮弹，因此被形象地称为"炮弹果"。因果大而重，应避免种植于行道旁，防止果实脱落时伤及行人。观果期可长达 6～7 个月。

紫葳科。小乔木。叶 2～5 片丛生，大小不等。老茎生花；花冠钟状，淡绿黄色，具褐色脉纹。浆果卵圆状球形，外观青绿光亮，像西瓜，也像葫芦。

用途
园林观赏。果壳坚硬，可作水瓢、容器等实用器具。

分布
原产热带美洲，广东、福建、海南、台湾等地有栽培。

观赏地
奇异植物室、热带雨林温室。

✿ 花期

| 1 | 2 | 3 | 4 | 5 | 6 | 7 | 8 | 9 | 10 | 11 | 12 | 月份 |

Brunfelsia brasiliensis (Spreng.) L.B.Sm. & Downs

鸳鸯茉莉
番茉莉

茄科。常绿灌木，株高约 1m。单叶互生。花单生或数朵聚生成聚伞花序，具芳香；雄蕊 4 枚，两两成对生于花冠管上；花冠筒细长，平展成高脚碟状。果实为蒴果或浆果状。

用途
适宜在园林绿地中种植，也可置于盆栽观赏。

分布
原产热带美洲。

观赏地
木本花卉区、经济植物区、木兰园前广场、杜鹃园、热带雨林温室。

❀ 花期

| 1 | 2 | 3 | 4 | 5 | 6 | 7 | 8 | 9 | 10 | 11 | 12 | 月份 |

因同时具有蓝色和白色的花而名"鸳鸯茉莉"。花初开时花瓣为蓝紫色，授粉后逐渐变成淡蓝色，后白色。鸳鸯茉莉又名"昨日今日明日花"，源自其英文名，指授粉导致花颜色的变化。

Gardenia scabrella
Puttock

粗栀子
澳洲粗栀子

茜草科。常绿灌木或小乔木，
株高可达6m。叶对生，长椭圆形，
先端钝，基部楔形，叶脉明显。
花单生于枝端或叶腋，花瓣6枚，
白色，具芳香。

用途
园林观赏。

分布
原产澳大利亚昆士兰。

粗栀子花瓣为典型6瓣，花芳
香素雅，花期甚长。同家族的
泰国栀子（*G. gjellerupii*）花初
开时淡黄色，后转深，至橘色
时花将凋谢。

观赏地
澳洲植物专类园。

❀ 花期

| 1 | 2 | 3 | 4 | 5 | 6 | 7 | 8 | 9 | 10 | 11 | 12 | 月份 |

Duranta repens
'Variegata'

花叶假连翘

花叶假连翘是假连翘（*D. repens*）的栽培品种。假连翘又名"金露花"，与花叶假连翘一样，都是极常见的园林景观植物。蓝紫色的小花给人一种清新自然的感觉，尤其底下两片花瓣上还有两条导蜜线，别具特色。

马鞭草科。灌木。枝条有皮刺。叶对生，纸质，绿色，有黄色斑点。总状花序顶生或腋生，花冠蓝紫色，5裂。核果球形，熟时红黄色，有光泽。

用途

可修剪成形，丛植于草坪或与其他树种搭配，也可做绿篱，还可与其他彩色植物组成模纹花坛。

分布

原产热带美洲。我国华南常见栽培，常逸为野生。

观赏地

棕榈园、广州第一村、生物园、岭南郊野山花区、能源园。

❀ 花期

| 1 | 2 | 3 | 4 | 5 | 6 | 7 | 8 | 9 | 10 | 11 | 12 | 月份 |

Calliandra surinamensis Benth.

苏里南朱缨花

长蕊合欢
粉扑花

园林中常见的朱缨花（*C. haematocephala*）为其同属姐妹花，花丝为深红色。传说英国古代海军的木质战船由于舱室低矮，海军军帽以红绒球防止碰撞。朱缨花寓意为奔放、豪迈、喜庆。

含羞草科。落叶灌木或小乔木。枝条开展，树形美。叶如羽片，夜间闭合，白天开展。头状花序状如红缨，花丝极多，基部白色，上端粉红色；也似姑娘化妆用的粉扑。

用途
优良的观花树种，在庭园中群植或列植均可。

分布
原产热带美洲。世界热带、亚热带地区广为栽培。

观赏地
木本花卉区、生物园、广州第一村。

✿ 花期

| 1 | 2 | 3 | 4 | 5 | 6 | 7 | 8 | 9 | 10 | 11 | 12 | 月份 |

Jatropha gossypiifolia L.

棉叶羔桐

棉叶珊瑚花
棉叶麻风树
红叶麻疯树

叶片酷似"棉花"的叶，花红色，形如海底的珊瑚，故名。在原生地，村民常用棉叶羔桐作绿篱，种植在房屋周围。因其不易燃，密植后如同一道防火屏障；蒴果成熟后会突然爆开，同时将种子向四周崩出。

大戟科。灌木。植株具乳汁。叶掌状分裂，嫩叶紫红色；叶柄有许多腺体。疏松的聚伞花序顶生；花小，深红紫色，花瓣5。蒴果被柔毛，成熟时深褐色。

用途
种子含油量较高，是经研究能生产生物柴油的绿色能源植物之一。叶片煎剂可用来作血液的净化剂及用以治疗性病和胃病；种子可作泻药和催吐剂。

分布
原产美洲墨西哥、加勒比群岛和南美洲。

观赏地
能源园。

❀ 花期

| 1 | 2 | 3 | 4 | 5 | 6 | 7 | 8 | 9 | 10 | 11 | 12 | 月份 |

Antigonon leptopus Hook. & Arn.

珊瑚藤

紫苞藤
朝日蔓
凤冠

蓼科。常绿藤本。叶卵形或卵状三角形，基部心形，先端尖，叶面粗糙。花序长 4～20cm; 花粉红色，由 5 个似花瓣的苞片组成，未开时一个叠着一个。

用途
适合花廊、花架、花墙、围篱或荫棚的美化，为园林垂直绿化的理想材料。

分布
原产中美洲墨西哥等地，现热带与亚热带地区广泛栽培。

观赏地
温室群景区、药园。

❀ 花期

| 1 | 2 | 3 | 4 | 5 | 6 | 7 | 8 | 9 | 10 | 11 | 12 | 月份 |

其花被誉为"爱的链锁"。相传貌美的女神吸引了众神却从未被打动过。有位聪明的山神从山里采回许多藤草，编织成藤衣和项链，送到女神的住处。女神开门的刹那，因阳光照射"藤衣和项链"绽放出千朵粉灿呈珊瑚状的小花，山神因此赢得了女神的芳心。

Kopsia fruticosa (Ker) A. DC.

红花蕊木

热带树种，生长快速。耐热、耐旱、耐瘠、耐半阴。萌发能力强，耐修剪，主要采用扦插繁殖。根、茎含多种吲哚类生物碱，如红花蕊木碱、红花蕊木明、去羧甲氧基蕊木碱等。

夹竹桃科。常绿灌木。叶纸质，叶面深绿色，具光泽，叶背淡绿色。聚伞花序顶生，花冠粉红色，花冠筒细长，裂片长圆形。

用途
四季常绿，花色素雅，适合于庭园栽植、围墙边列植。其根皮具有清热解毒的作用，常用于治疗上呼吸道感染、咽喉炎等症。

分布
马来西亚、印度尼西亚、菲律宾、印度。广东等地引种栽培。

观赏地
热带雨林室、能源园。

❀ 花期

| 1 | 2 | 3 | 4 | 5 | 6 | 7 | 8 | 9 | 10 | 11 | 12 | 月份 |

Uvaria grandiflora
Roxb. ex Hornem.

大花紫玉盘

山椒子

川血乌

红肉梨

番荔枝科。攀缘灌木。全株密被黄褐色绒毛。花较大，花瓣紫红色或深红色，雄蕊、雌蕊聚生于花瓣中间。果聚生于"果盘"上，各个果向四面八方伸展，成熟时橙黄色。

用途

常栽于庭园供观赏。根、叶还可作药用。

分布

广东南部至中部、广西东南部。亚洲热带地区。

观赏地

热带雨林温室、标本园。

❀ **花期**

| 1 | 2 | 3 | 4 | 5 | 6 | 7 | 8 | 9 | 10 | 11 | 12 | 月份 |

🦋 **果期**

| 1 | 2 | 3 | 4 | 5 | 6 | 7 | 8 | 9 | 10 | 11 | 12 | 月份 |

花果期长达半年以上，夏秋季节可同时赏花观果。紫红色的肉质花瓣衬托着数量众多的雄雌蕊，宛若紫色的玉盘上盛放着的黄色水晶，因而得名大花紫玉盘。其花虽藏于叶背开放，却难掩其艳丽的姿容，于万绿丛中透出点点的红色甚是惹眼，若是凑近细闻，更有淡淡的芳香。

Allamanda cathartica L.

软枝黄蝉
黄莺

因其枝条柔软，花苞形状像即将羽化的蝉蛹而得名。植株乳汁、树皮和种子有毒，人畜食后会引起腹痛、腹泻、心跳加快，循环系统和呼吸系统障碍。

夹竹桃科。常绿藤状灌木。枝条柔软、披散，向下俯垂；茎叶具乳汁。叶对生或轮生。花冠漏斗状，黄色，中心有红褐色条斑，基部不膨大，花蕊藏于冠喉中。

用途
南方园林中常见的观花植物。

分布
原产巴西至中美洲。福建、广东、广西、云南、台湾等地有栽培。

观赏地
棕榈园、孑遗植物区、药园、经济植物区。

❀ 花期

| 1 | 2 | 3 | 4 | 5 | 6 | 7 | 8 | 9 | 10 | 11 | 12 | 月份 |

Costus barbatus Suess

宝塔闭鞘姜
宝塔姜

闭鞘姜科。多年生草本。叶片螺旋状着生，叶鞘抱茎，套接；假茎呈螺旋状弯曲。花序呈塔状，深红色苞片覆瓦状排列，花冠管状，金黄色。

用途
庭园观赏或盆栽用于室内，也是一种非常好的切花材料，鲜切花瓶插寿命长达 8 ~ 15 天。花可食用，味酸甜。

分布
原产热带美洲。广东有栽培。

观赏地
姜园、药园。

❀ 花期

| 1 | 2 | 3 | 4 | 5 | 6 | 7 | 8 | 9 | 10 | 11 | 12 | 月份 |

最突出的特点是叶鞘呈管状，叶片螺旋着生。花序是由深红色苞片呈覆瓦状排列组成，金黄色如象牙状的管状花从"宝塔"里长出，尤如"佛光重现"的景象。花序像一座玲珑宝塔，故名。

Cycas debaoensis
Y. C. Zhong et C. J. Chen

德保苏铁
德宝苏铁

中国特有种，数量稀少，国家 I 级保护物种，IUCN 红色名录极危（CR）物种，具有极高的研究与观赏价值。德保苏铁具有苏铁最原始的特征，至今大概有三亿八千万年的历史。

1997 年钟业聪在广西德保县发现这一新种，引起了国内外植物学界的高度重视，1998 年世界保护联盟派出专家组专程前来考察。

苏铁科。木本。大部分树干生长于地下，地上部茎干相对矮小。小羽片具二回、三回或多回二叉开裂。雄球花柱状纺锤形；大孢子叶带黄褐色绒毛。种子黄至褐色。

用途
叶形奇特，可用于园林观赏。

分布
特产于广西德保县扶平乡石灰岩山坡。

观赏地
苏铁园。

❀ 花期

1	2	3	4	5	6	7	8	9	10	11	12	月份

Syzygium malaccense (L.) Merr. & L. M. Perry

马来蒲桃
马六甲蒲桃

桃金娘科。常绿乔木。树冠塔形。叶革质，深绿色，对生。花紫红色，数朵簇生于树干。果实椭圆形或梨形，暗红色；果肉白色，海绵质，多汁，具薄荷香气。

用途
果实清甜可口，风味佳，可生食或制成果酱、蜜饯。树皮可治口舌生疮；叶汁可润肤；根可止痒、利尿。树冠丰盈，叶、花果均可观赏，是优良的庭园绿化树种。

分布
原产马来西亚。

观赏地
奇异植物室。

🌸 花期

1	2	3	4	5	6	7	8	9	10	11	12	月份

🦋 果期

1	2	3	4	5	6	7	8	9	10	11	12	月份

是一种珍稀的热带果树，也是蒲桃类果树中果实风味最佳的树种。喜高温高热，只适合在海南岛部分地区生长。华南植物园温室中栽培的能正常开花结果。

Manglietia grandis
Hu & W. C. Cheng

大果木莲
黄心绿豆

木兰科。乔木。叶大，革质，
上面亮绿有光泽，下面有乳头
状突起，常灰白色。花大，红色，
形如莲花，绽放在高高的枝顶。
聚合蓇葖果成熟后鲜红夺目。

用途
叶大亮绿，花大色艳，芳香怡人，
是非常珍贵的庭园观赏树种。

分布
云南东南部及广西西南部。

观赏地
木兰园。

❀ 花期

1	2	3	4	5	6	7	8	9	10	11	12	月份

🐝 果期

1	2	3	4	5	6	7	8	9	10	11	12	月份

我国特有的珍稀濒危物种，属
国家 II 级重点保护植物。华南
植物园木兰园的大果木莲是
1983 年由刘玉壶教授自云南
边界引种的。大果木莲是木莲
属中较原始的种类，对研究古
植物区系及木兰科分类系统和
演化具有重要的学术价值。其
果实的大小居木莲属之首，故
名"大果木莲"。2007 年，
华南植物园的一棵大果木莲
开出一朵双雌蕊群的花，可
能是花器官发育过程中发生突
变形成。

Elaeocarpus hainanensis Oliv.

水石榕

海南胆八树
水柳树
海南杜英

杜英科。常绿小乔木。叶革质，披针形，似柳叶。总状花序腋生；花瓣顶端深裂为丝状，白色中透着淡绿，有淡淡的香味。果实为纺锤形核果，像花一样垂挂在树枝上。

用途
常栽于池塘边作观赏植物。

分布
海南、广东。越南也有。

水石榕与尖叶杜英（*E. apiculatus*）在园林中均有广泛的应用，两者的花极相似，瓣端均撕裂成流苏状。但尖叶杜英为高大乔木，高可达30m；水石榕，多生于水边，常临水而植，树形较小，属于小乔木。此外，尖叶杜英果近球形，幼时有灰褐色柔毛，而水石榕的果实橄榄形，无毛。水石榕的叶较尖叶杜英小得多。

观赏地
木本花卉区、生物园、广州第一村、药园、植物分类区、经济植物区。

花期

1	2	3	4	5	6	7	8	9	10	11	12	月份

果期

1	2	3	4	5	6	7	8	9	10	11	12	月份

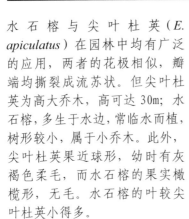

Pyrenaria spectabilis var. *greeniae* (Chun) S. X. Yang

长柱核果茶
薄瓣核果茶
长柄石笔木
华南石笔木

山茶科。乔木。叶革质，长圆形，边缘有细锯齿。花梗较长，花大，白色至黄色，单生于枝顶叶腋，雄蕊多数，花柱长 8mm。蒴果椭圆形，果皮薄，宿存花柱长。

用途
用于园林观赏。

分布
广东、广西和福建南部、湖南南部、江西南部。

观赏地
山茶园。

❀ 花期

| 1 | 2 | 3 | 4 | 5 | 6 | 7 | 8 | 9 | 10 | 11 | 12 | 月份 |

🌰 果期

| 1 | 2 | 3 | 4 | 5 | 6 | 7 | 8 | 9 | 10 | 11 | 12 | 月份 |

喜湿润肥沃、排水良好的酸性土壤。适应性强，耐干旱瘠薄，也耐霜冻。枝叶青翠繁茂，花淡黄色，花果期较长，是较理想的观花、观果植物。

Sindora tonkinensis A. Chev. ex K. Larsen & S. S. Larsen

东京油楠
柴油树

苏木科。乔木。偶数羽状复叶，小叶4～5对，两侧不对称。圆锥花序，苞片三角形，花萼、花瓣、花序、雄蕊、子房均被黄色柔毛。荚果近圆形，顶端鸟喙状，外面光滑无刺。

用途
树冠大，树形优美，是优良的园林观赏植物。

分布
原产中南半岛，广东有栽培。

观赏地
能源园、经济植物区、植物分类区、广州第一村、生物园。

❀ 花期

| 1 | 2 | 3 | 4 | 5 | 6 | 7 | 8 | 9 | 10 | 11 | 12 | 月份 |

🦋 果期

| 1 | 2 | 3 | 4 | 5 | 6 | 7 | 8 | 9 | 10 | 11 | 12 | 月份 |

东京油楠树干的木质部含有丰富的淡棕色可燃性油质液体，气味清香，可燃性能与柴油相似，经过滤后可直接供柴油机使用，是一种优良的可再生能源植物，因此也被称为"柴油树"。

Vatica mangachapoi Blanco

青梅

青皮
海梅
苦香
青相

龙脑香科。乔木。树皮青灰色。幼枝和嫩叶密被星状毛。聚伞圆锥花序，花小，白色。果近球形，具2长3短由萼片增大的翅。

用途

木材心材比较大，耐腐、耐湿，为优良的渔轮用材之一；纺织方面可以做木梭；工业方面可以制尺、三角架、枪托以及其它美术工艺品等。为国家III级保护渐危种。

分布

海南。越南、泰国、菲律宾、印度尼西亚也有。

典型的热带雨林树种，也是海南岛热带雨林的优势种，对于研究我国热带植物区系具有一定科学意义。1965年1月，朱德和董必武到华南植物园视察，分别种植了青梅树以作纪念。

观赏地

名人植树区、广州第一村、山茶园、温室群景区。

❀ 花期

| 1 | 2 | 3 | 4 | 5 | 6 | 7 | 8 | 9 | 10 | 11 | 12 | 月份 |

🌰 果期

| 1 | 2 | 3 | 4 | 5 | 6 | 7 | 8 | 9 | 10 | 11 | 12 | 月份 |

Fagraea ceilanica Thunb.

灰莉

非洲茉莉
华灰莉木

马钱科。常绿攀缘灌木或小乔木，高可达12m。叶稍肉质，花顶生，漏斗状，白色，有香气。浆果球形，淡绿色。

用途

枝叶常年深绿，耐修剪，易于造型，常被用作庭院观赏或盆栽。

分布

广东、海南、台湾等地。东南亚等地也有。

观赏地

经济植物区、木本花卉区、广州第一村、蕨园、岭南郊野山花区、热带雨林温室。

花期

| 1 | 2 | 3 | 4 | 5 | 6 | 7 | 8 | 9 | 10 | 11 | 12 | 月份 |

果期

| 1 | 2 | 3 | 4 | 5 | 6 | 7 | 8 | 9 | 10 | 11 | 12 | 月份 |

我国仅有灰莉1种。在台湾天然分布区极窄，只在恒春半岛阔叶林内，是台湾的稀有植物之一。灰莉枝繁叶茂，叶片有光泽，深绿色，花长可达10cm，单朵花历时仅一天，开花时有细腻的甜香味。落地栽培时可形成致密的大灌木。耐阴，耐修剪，可修剪造型，株型紧凑，可用于盆栽及室内装饰。灰莉鲜叶可用于治疗伤口溃烂。

Brasenia schreberi J. F Gmel.

莼菜
水案板

睡莲科。多年生水生草本。叶椭圆状矩圆形，下面蓝绿色。花小，暗紫色，萼片及花瓣条形。坚果矩圆卵形。早上盛开的花午后又闭合，待明日重现。

用途
珍贵的水生名菜，其茎、叶鲜美滑嫩，具有很高的营养与药用价值，有清热、利水、消肿、解毒及提高免疫力等功效，对癌细胞的活化有较强的抑制作用。

分布
我国多个省份均有分布，主要生长在清静池塘和湖沼中。非洲、大洋洲、美洲及东亚、南亚均有分布。

观赏地
水生植物园。

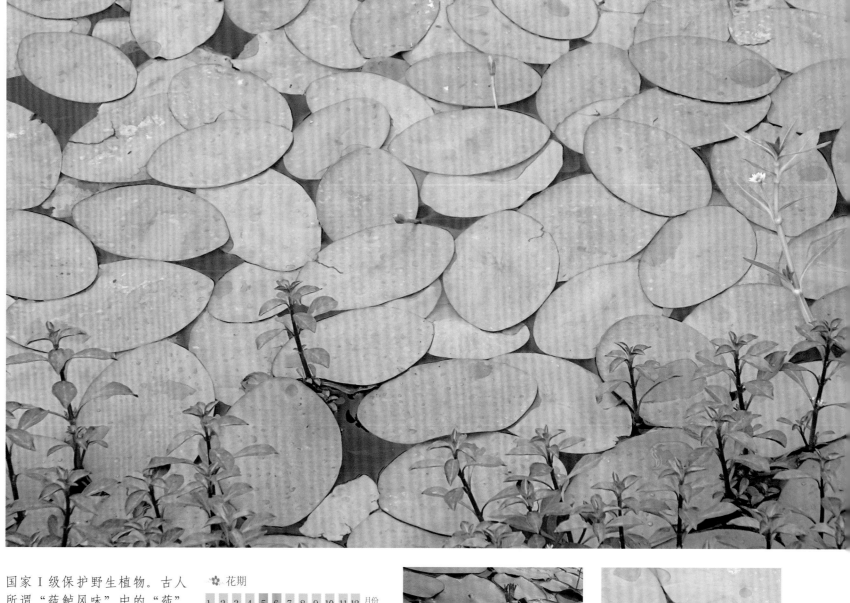

国家 I 级保护野生植物。古人所谓"莼鲈风味"中的"莼"就是指莼菜。【宋】苏轼："若问三吴胜事，不唯千里莼羹。""莼羹鲈脍"为辞官归乡的典句，出自《晋书·张翰传》。

🌸 花期

| 1 | 2 | 3 | 4 | 5 | 6 | 7 | 8 | 9 | 10 | 11 | 12 | 月份 |

🌼 果期

| 1 | 2 | 3 | 4 | 5 | 6 | 7 | 8 | 9 | 10 | 11 | 12 | 月份 |

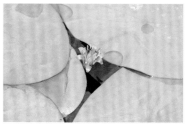

Cassia javanica subsp. *nodosa* (Roxb.) K. Larsen & S. S. Larsen

粉花决明
节果决明
粉花山扁豆

苏木科。半落叶乔木。树冠开展。树皮灰黄褐色，粗糙。羽状复叶有小叶 6～13 对。花粉红色，开花时花叶相映，翩翩起舞，极为壮观。

用途
优良的观赏植物，宜作行道树或孤植于庭园观赏。

分布
原产印度尼西亚、马来西亚、泰国。华南有栽培。

观赏地
园林树木区、生物园、广州第一村、药园。

❀ **花期**

| 1 | 2 | 3 | 4 | 5 | 6 | 7 | 8 | 9 | 10 | 11 | 12 | 月份 |

木材坚硬而重，可作家具用材。树皮提供鞣质；果药用。枝叶婆娑，树冠似巨大的绿伞，遮阴效果好；花季满树粉红如霞，花姿优美，是观赏价值很高的乔木花卉。

Saraca declinata Miq.

垂枝无忧树
垂枝无忧花

中国无忧树的花雄蕊多，8～10枚，花期早，3-4月，叶柄长，约4cm，较耐寒；而垂枝无忧树的花雄蕊少，4枚，花期晚，5-6月，叶柄短，1.5～2cm，怕寒冷，极易与中国无忧树区别。

苏木科。常绿乔木。树冠椭圆状伞形。羽状复叶，幼叶紫红色，下垂。花序大型，花橙黄色，多而密，花瓣退化，雄蕊4枚。荚果带形。

用途
花高贵典雅，适宜作庭园绿化树。

分布
斯里兰卡、泰国、缅甸等地。我国南部有栽培。

观赏地
珍稀濒危植物繁育中心、姜园。

❀ 花期

1	2	3	4	5	6	7	8	9	10	11	12	月份

Jacaranda mimosifolia D.Don

蓝花楹
巴西红木
含羞草叶楹
蓝雾树

澳大利亚街道两旁种植许多蓝花楹。南非比勒陀利亚也种植许多蓝花楹，整个城市在春天似乎都变成蓝紫色，比勒陀利亚因此有"蓝花楹之城"的美名。蓝花楹有宁静、深远之意境。

紫葳科。落叶乔木。叶为二回羽状复叶。花钟形，蓝紫色，花冠2唇形。盛花时，满树都是迷幻绚烂的蓝花，远远望去，如同一片蓝雾。

用途
优美的园林观叶、观花树种。木质较软，是制作木雕工艺品的好材料。

分布
原产阿根廷、玻利维亚、巴西。广西、广东、海南等地有栽培。

观赏地
生物园、广州第一村、标本园。

❀ 花期

| 1 | 2 | 3 | 4 | 5 | 6 | 7 | 8 | 9 | 10 | 11 | 12 | 月份 |

Pyrenaria spectabilis(Champ.) C. Y. Wu & S. X. Yang

大果核果茶
大果石笔木

山茶科。乔木。幼枝黄棕色到淡灰棕色，被微柔毛。叶片长圆形，革质，苍绿色，边缘有波状锯齿。花单生；花梗长2～10mm；花瓣5或6，白色；雄蕊多数。蒴果球状到扁球形，果皮厚1～5mm，被黄绒毛。

用途
枝叶繁茂，四季常绿，花色艳丽，是极具开发前景的优良观赏树种。

分布
福建南部、广东、广西和湖南南部、江西南部。越南北部也有。

观赏地
山茶园、广州第一村。

花期

1	2	3	4	5	6	7	8	9	10	11	12	月份

杨世雄和闵天禄（1995）从形态学、胚胎学、孢粉学和解剖学4方面探讨了核果茶属、石笔木属和拟核果茶属的分类学问题，认为这3属主要形态差异具有连续性而难以分开，且大小孢子和雌雄配子体的发生过程高度相似，均具有皱波状至皱网状的花粉外壁纹饰和大头茶型气孔器，认为核果茶属、石笔木属和拟核果茶属是一个不可分割的自然类群，将3属合并成核果茶1属。

Datura stramonium L.

曼陀罗

风茄花
洋金花
醉心花
闹羊花

古代中国利用曼陀罗及其同科植物制作麻醉剂，见《史记·扁鹊仓公列传》的俞跗术，《冠子·世贤》的扁鹊术，华佗的麻沸散等。

《本草纲目》记载："相传此花，笑采，酿酒饮，令人笑；舞采，酿酒饮，令人舞。"

茄科。直立草本或半灌木状，株高1～2m。叶互生，纸质。花大，长可达17cm，花冠呈喇叭形，檐部5裂，犹如优雅的折裙礼服，有粉红、纯白、黄色等色。

用途
著名中药，以花入药，名"风茄花"、"洋金花"，药用有镇痛麻醉、止咳平喘的功效，主治咳逆气喘，还可作麻药。花大而美丽，且周年开花，是名贵的园林观赏植物，目前已培育出许多杂交种。

分布
原产热带和亚热带地区，国内许多省区有栽培或逸为野生。

观赏地
药园、热带雨林温室、生物园。

✿ 花期

| 1 | 2 | 3 | 4 | 5 | 6 | 7 | 8 | 9 | 10 | 11 | 12 | 月份 |

Calotropis gigantea (L.) Dryand.

牛角瓜

断肠草
五狗卧花心
哮喘树
羊浸树

萝藦科。直立灌木。全株具乳汁。叶对生，两面被灰白色绒毛，老渐无毛。聚伞花序，花冠紫蓝色。蓇葖果单生；种子有白色绢质种毛。

用途
牛角瓜属于热带石油植物，茎、叶中的白色乳汁含有与石油成分相似的碳氢化合物。有毒，含多种强心甙，可供药用。

分布
云南、四川、广西和广东等省区。印度、斯里兰卡、缅甸、越南、马来西亚等地也有。

植株白色汁液有大毒和强烈的刺激性，食少量引起呕吐和下泻，食大量则会发生严重的腹痛及肠炎以致死亡，故名断肠草。牛角瓜的花形奇异，似五只小狗卧躺花心，故亦称五狗卧花心；其果形似牛角，故名牛角瓜。相传苏东坡贬谪海南时，王安石为其饯行，席间赋有"五狗卧花心"诗句。东坡想五只狗如何能卧于花心，便将其改成"五狗卧花荫"。后来东坡到海南儋州后，发现当地确有"五狗卧花"这种植物，大悟，顿觉羞愧。

观赏地
热带雨林温室、生物园。

❀ 花期

1	2	3	4	5	6	7	8	9	10	11	12	月份

Aerides rosea
Lodd. ex Lindl. & Paxt.

多花指甲兰

喜温暖湿润的气候环境，稍耐阴，生长期需要较高的空气湿度。因花序酷似狐尾状，也称为"狐尾兰"。开花季节花色亮丽，分外引人注目。

兰科。附生兰。根系发达，茎粗壮。叶肉质、厚，先端有不等二圆裂，近基部凹成深槽状。总状花序腋生，密生15～30朵花；花开展，粉白色，并具紫红色斑点；唇瓣三角形，距短圆锥形，向前弯曲。

用途
园林上附植于树干或绑缚在树蕨板或吊篮种植，以模仿其自然生境，营造热带雨林的原始风情。

分布
云南、广西等地。亚州热带地区有分布。

观赏地
兰园、热带雨林温室

❀ 花期

1	2	3	4	5	6	7	8	9	10	11	12	月份

Etlingera elatior
(Jack) R. M. Smith

瓷玫瑰
姜荷花
火炬姜
灯塔姜

姜科。多年生草本。叶互生，2 列。
头状花序由地下茎抽出，挺直；
苞片鲜红色，肥厚，瓷质或蜡质，
有光泽，层层叠嶂，如熊熊燃烧
的火炬，又似含苞待放的玫瑰。

用途
新型名优切花。

分布
原产印度尼西亚、马来西亚、
泰国。广东、海南、福建、台湾、
云南等地有栽培。

观赏地
奇异植物室。

❀ 花期
| 1 | 2 | 3 | 4 | 5 | 6 | 7 | 8 | 9 | 10 | 11 | 12 | 月份 |

著名的热带花卉，性喜高温高
湿。花序独特，苞片肥厚如瓷
质，形如玫瑰，又似一朵熊熊
燃烧的"红莲花"。花色艳丽，
花形优美，可作鲜切花，瓶插
时间可达 30 天。

Deutzianthus tonkinensis Gagnep.

东京桐
野油桐
越南桐

大戟科。乔木。枝条有明显叶痕。叶大，互生，羽状脉清晰；叶柄顶端有 2 枚腺体。雌雄异株，花序顶生；花小，白色。果稍扁球形。

用途
优良的木本油料植物和石山绿化植物，可供多种工业用途。

分布
广西和云南东南部。越南北部也有。

为东京桐属模式种，模式标本采自越南北部河内的三岛。种加词 tonkinensis 意为"东京的"，是越南河内市的旧名。1924 年首次在越南发现，20 世纪 50 年代相继在我国云南和广西发现。种仁含油率达 49.7%，为优良的木本油料植物和石灰岩山区绿化树种。现存数量少，为国家 II 级保护植物。

观赏地
药园、广州第一村、能源园。

✿ 花期

| 1 | 2 | 3 | 4 | 5 | 6 | 7 | 8 | 9 | 10 | 11 | 12 | 月份 |

Delonix regia (Boj.) Raf.

凤凰木

金凰树
火树
红花楹

凤凰木为台湾台南市、福建厦门市、广东汕头市市花。其花6月盛开，恰逢学子毕业之季，常与蝉鸣并列为毕业的象征。凤凰木已被广泛栽培，由于其阔大的树冠及浓密的树根阻碍其他品种在其下生长而被澳大利亚当成入侵物种；在印度，凤凰木被称为"高莫哈树（Gulmohar）"；其豆荚在加勒比海地区被用作敲打乐器，称为"沙沙（shak-shak）"或"沙球"。

苏木科。乔木。树冠伞形开展。二回偶数羽状复叶。花顶生，花瓣5枚，鲜红色，有长爪。盛花时满树红花，如火如荼，极为美观。荚果带状，扁平，稍弯曲。

用途
枝秀叶美，花色鲜艳，是热带地区优美的庭园树及行道树。树皮是解热剂，花可提取抗生素，并有驱虫效果。

分布
原产马达加斯加，世界热带地区常栽种。我国南部及西南部有种植。

观赏地
环园路凤凰路、药园、生物园、广州第一村。

❀ 花期

| 1 | 2 | 3 | 4 | 5 | 6 | 7 | 8 | 9 | 10 | 11 | 12 | 月份 |

Dendrobium lindleyi Steud.

聚石斛
上树虾

兰科。附生兰。假鳞茎肥厚，密集丛生，两侧压扁，具2～5节。顶生叶1枚，矩圆形，先端钝或微凹。总状花序远长于茎，疏生数朵至十余朵黄色花，唇瓣近肾形，唇盘密布乳突状毛。

用途
全草药用，润肺止咳，滋阴养胃。

分布
广东、广西、贵州、海南。不丹、印度、老挝、缅甸、泰国和越南也有。

观赏地
兰园。

花期

| 1 | 2 | 3 | 4 | 5 | 6 | 7 | 8 | 9 | 10 | 11 | 12 | 月份 |

国家 I 级保护植物。喜阳光充足，但又忌直射。喜高温、高湿。因假鳞茎密集附生于树干，并具多节，也称为"上树虾"。花黄色，唇瓣近肾形，质地薄，形如金币。

Sapium
sebiferum (L.) Small

乌桕

白蜡果
木子树
油梓树
蜡烛树

大戟科。落叶乔木。各部均有乳汁。叶片纸质，菱形。雌雄同株，顶生穗状花序，黄绿色，形态好似毛毛虫。蒴果扁球形，3 裂，外有白蜡，故又名"白蜡果"。

用途

种子出油率高达 40% 以上，用种仁榨得的青油（梓油或桕油）可制造高级喷漆。桕蜡是肥皂、胶片、塑料薄膜、蜡纸、护肤脂、防锈涂剂、固体酒精、蜡烛和高级香料的主要原料；皮油还含有约 14% 的甘油，是制造硝化甘油、环氧树脂、玻璃钢和炸药的重要原料。

分布

广布于秦岭、淮河流域以南各地。日本、越南、印度也有。欧洲、美洲和非洲有栽培。

作为我国重要的工业油料植物，已有 1400 多年的栽培历史。在秋季，其树叶由绿变紫、变红，冬季宿存的白色种子挂满枝头，具明显的季相景观。【宋】林和清诗曰："巾子峰头乌桕树，微霜未落已先红。"

观赏地

经济植物区、木本花卉区、植物分类区、广州第一村、生物园、能源园、山茶园。

🌸 花期

1	2	3	4	5	6	7	8	9	10	11	12	月份

🦋 果期

1	2	3	4	5	6	7	8	9	10	11	12	月份

Aleurites moluccana (L.) Willd.

石栗

大戟科。常绿乔木。叶常卵形至椭圆状披针形，有时圆肾形，具3～5浅裂，叶柄长6～12cm。新叶和花序满布古铜色星状微柔毛。小花乳白色至乳黄色。

用途
株形高大，树冠浓密，是优良的行道树。种子富含油脂，可用于工业。叶片有止血的功效。

分布
福建、台湾、广东、海南、广西、云南等省区。亚洲热带、亚热带地区。

观赏地
经济植物区、能源园、生物园、木兰园。

✿ 花期

1 2 3 4 5 6 7 8 9 10 11 12 月份

❀ 果期

1 2 3 4 5 6 7 8 9 10 11 12 月份

石栗是夏威夷州的州树，英文名为 Candlenut。果为核果，形似栗，木质种皮坚硬如石，故名石栗。种子含油量达70%，所提取油脂可替代柴油，用作生物柴油或制作油漆、蜡烛等工业的原料，是具有广阔开发前景的能源植物。

Melastoma dodecandrum Lour.

地菍
铺地锦
地

野牡丹科。小灌木。植株矮小，茎匍匐上升，高 10 ~ 30cm。叶片坚纸质，卵形或椭圆形，3 ~ 5 基出脉。花淡紫红色至紫红色，花瓣长 1.2 ~ 2cm，花萼被糙伏毛。果坛状球形。

用途
果可食，亦可酿酒；全株供药用，有涩肠止痢，舒筋活血，补血安胎，清热燥湿等作用；捣碎外敷可治疮、痈、疽、疖；根可解木薯中毒。

分布
贵州、湖南、广西、广东、江西、浙江、福建。越南也有。

生于海拔 1250m 以下的山坡矮草丛中，为酸性土壤常见的植物。茎蔓披散或匍匐于地表，枝节着地易生气根，分枝多，繁殖快，使地表如绣如画，故又名"铺地锦"。花盛开时茎叶繁茂，繁花万紫千红，故又名"地红花"。

观赏地
药园、澳洲园、杜鹃园。

❀ 花期

1	2	3	4	5	6	7	8	9	10	11	12	月份

🌿 果期

1	2	3	4	5	6	7	8	9	10	11	12	月份

Arenga pinnata
(Wurmb.) Merr.

砂糖椰子

棕榈科。乔木。叶羽状全裂，羽片不在同一平面上。花序长 90～150cm，从上部往下部抽生几个花序，当最下部的花序的果实成熟时，植株即死亡。果实近圆形，顶部具三棱，淡黄色。

用途

树形高大优美，可做行道树或庭园绿化树。花序汁液可制糖、酿酒；树干髓心含淀粉，可供食用；幼嫩种子的胚乳可用糖煮成蜜饯；幼嫩的茎尖可作蔬菜食用；叶鞘纤维强韧耐湿耐腐，可制绳缆。

分布

原产印度、中南半岛和东南亚。福建、广东、海南等省有栽培。

植株栽培 12 年左右开花，果实 3～4 年成熟。花序割伤后有汁液流出，收集晒干后即成砂糖，故名砂糖椰子。树干的髓心富含淀粉，可提取制作西米供食用；果含糖量高，猴子非常爱吃，饥荒时期，人们亦把它的果实煮熟来充饥。

观赏地

棕榈园、广州第一村。

✿ **花期**

1	2	3	4	5	6	7	8	9	10	11	12	月份

🦋 **果期**

1	2	3	4	5	6	7	8	9	10	11	12	月份

Dianella ensifolia (L.) DC.

山菅兰
山菅
山交剪
老鼠砒

百合科。多年生草本植物。叶 2 列，狭条状披针形。小花绿白、淡黄或青紫色。浆果近球形，深蓝色。

用途
园林上常作为林下地被植物。根状茎磨干粉，调醋外敷，可治痈疮脓肿、癣、淋巴结炎等。

分布
云南、四川、重庆、贵州、广西、广东、海南、江西、浙江、福建和台湾。东亚、印度至马来西亚也有。

全株剧毒，食之可丧命，故取字"菅"。茎、叶捣汁，浸米，晒干后可作老鼠药，故又名"老鼠砒"。

观赏地
奇异植物室、热带雨林温室、澳洲园、广州第一村、蒲岗自然保护区、药园。

❀ 花期

| 1 | 2 | 3 | 4 | 5 | 6 | 7 | 8 | 9 | 10 | 11 | 12 | 月份 |

🦋 果期

| 1 | 2 | 3 | 4 | 5 | 6 | 7 | 8 | 9 | 10 | 11 | 12 | 月份 |

Agapanthus africanus(L.) Hoffmanns.

百子莲

百子兰
非洲百合
蓝花君子兰

石蒜科。多年生草本。叶线状
披针形，二列基生于短根状茎
上。花茎自叶丛中抽出，顶端着
生由 20 ~ 50 朵吊钟状小花组成
的伞形花序，花紫色，花被 6 裂，
似一个个紫色的小喇叭。

用途
常盆栽作室内观赏，在室外较
阴凉处可成片种植观赏，也可
用作切花。

分布
原产南非。

原产于南非的好望角，17 世纪
作为温室花卉引至欧洲。具众
多园艺品种。因其花后结籽众
多而得名百子莲。

观赏地
药园、热带雨林温室。

❀ 花期

1	2	3	4	5	6	7	8	9	10	11	12	月份

Gardenia jasminoides J. Ellis

栀子

卮子
黄栀子
白蝉花

茜草科。常绿灌木。叶对生，长椭圆形。花腋生，有短梗；未开时，花蕾白中透碧；花开时白色，香气浓郁；花落之前变为黄色。果实卵形，有六棱角。

用途
花芳香四溢，可用来熏茶和提取香料。果实可制黄色染料。木材坚实细密，可供雕刻。根、叶、果实入药，有泻火除烦，清热利尿，凉血解毒之功效。园林上适用于阶前、池畔和路旁配置，也可作篱笆和盆栽观赏，具有抗烟尘、抗二氧化硫能力。

分布
原产我国，现广泛栽培。

观赏地
奇异植物室、热带雨林温室、澳洲园、广州第一村、蒲岗自然保护区、药园。

❀ **花期**

| 1 | 2 | 3 | 4 | 5 | 6 | 7 | 8 | 9 | 10 | 11 | 12 | 月份 |

湖南省岳阳市的市花。汉唐时代即广为栽培。李时珍《本草纲目》曰："卮（zhī），酒器也，子象之，故名。"意思是栀子花的果实像卮。【唐】杜甫诗云："栀子比众木，人间诚未多。于身色有用，于道气相和。"【宋】杨万里："树恰人来短，花将雪样年。孤姿妍外净，幽馥暑中寒。"【清】刘灏《咏栀子花》："素花偏可喜，的的半临池。疑为霜裹叶，复类雪封枝。日斜光隐见，风还影合离。"栀子寓意永恒的爱，一生守候和喜悦。

Barringtonia fusicarpa Hu

梭果玉蕊

金刀木
埋耗尚
云南玉蕊

玉蕊科。乔木。叶坚纸质，倒卵状椭圆形。花白色或粉红色，排成长而悬垂的穗状花序，具清香。夜晚开花，日出即凋谢。果实梭形。

用途
树形优美，叶色油绿，花果序长而飘逸，为优良园林景观树种。

分布
我国特有植物，产云南南部和东南部，生于密林中潮湿地方。

我国栽培观赏玉蕊历史悠久。唐宋数百年间，玉蕊花非常有名，常植于唐昌观、集贤院、翰林院等非凡之境，咏玉蕊的诗篇可车载斗量，更有"日暮落英铺地雪"、"落尽瑶华君不知"描写玉蕊花夜放朝谢的特性。玉蕊花内有1枚雌蕊，周围众多粉红色的雄蕊，发出淡淡的清香，吸引着夜晚活动的蛾类等昆虫前来授粉。花后果实生长奇快，约半个月就可长到10cm，形似织网的小梭。

观赏地
杜鹃园、标本园、生物园、广州第一村、热带雨林温室。

❀ 花期

1	2	3	4	5	6	7	8	9	10	11	12	月份

🐛 果期

1	2	3	4	5	6	7	8	9	10	11	12	月份

Uraria crinita
(L.) DC.

长穗猫尾草
猫公树
兔狗尾

蝶形花科。直立亚灌木，高1～1.5m。叶为奇数羽状复叶。花穗朝天，长可达30cm，粗壮；花冠紫色，成片种植时，犹如紫色的花海。

用途
可成片种植，开发生态旅游，既可供人观赏，还可做多款药膳。全草入药，有清热、止血、消积、止咳、杀虫等功效。

分布
广东、云南等地。

观赏地
药园、奇异植物室。

❀ 花期

1	2	3	4	5	6	7	8	9	10	11	12	月份

长而粗壮的花穗开紫红色的小花，顶端稍弯曲，形似"猫尾巴"，故名。在台湾台中县市、南投县、彰化县有大量的栽培，一般民间都认为可健脾补胃，故又称为"台湾人参"，是小儿发育不可缺少的民间用药，需求量很大，常作为药用植物栽培或作花卉种植美化庭园。

Tibouchina aspera var. *asperrima* Cogn.

银毛野牡丹

野牡丹科。灌木。茎四棱形，分枝多。叶阔宽卵形，粗糙，两面密被银白色绒毛，叶下面较叶上面密集。聚伞式圆锥花序直立，顶生；花瓣倒三角状卵形，艳紫色。

用途
园林观赏。

分布
原产热带美洲。

观赏地
山茶园、蒲岗自然保护区。

❀ 花期

1	2	3	4	5	6	7	8	9	10	11	12	月份

花枝长，花多而密。夏至秋季，花谢花开络绎不绝。耐修剪，花后修剪可促进枝条萌发，同时可调整株形。扦插繁殖，适应性和抗逆性强，是优良园林观赏植物。性喜温暖，生长适温为 15 ~ 25℃。不耐霜雪。

Miscanthus floridulus (Lab.) Warb. ex Schum. & Laut.

五节芒
芭茅

禾本科。多年生草本。秆高大似竹，节下具白粉。叶片披针形，长 25 ~ 60cm，中脉粗壮隆起。圆锥花序大型，稠密，长 30 ~ 50cm，小穗黄色。

用途
植株高大似竹，秀美挺拔，叶色翠绿，花序美丽，适宜丛植或片植于庭院观赏。幼叶作饲料，秆可作造纸原料。根状茎有利尿之效。

分布
产于江苏、浙江、福建、台湾、广东、海南、广西等省区。亚洲东南部至波利尼西亚。

观赏地
能源园。

🌼 花期

| 1 | 2 | 3 | 4 | 5 | 6 | 7 | 8 | 9 | 10 | 11 | 12 | 月份 |

🌰 果期

| 1 | 2 | 3 | 4 | 5 | 6 | 7 | 8 | 9 | 10 | 11 | 12 | 月份 |

在台湾五节芒被称为"菅芒花"或"菅草"，因其生命力顽强，常用来比喻在困苦的环境中坚忍不拔。闽南有《菅芒花》民谣，以菅芒花的白而无香、白而无味来比喻出自寒门的贫家女，意境深远。

Hydrange macrophylla (Thunb.) Ser.

绣球

八仙花
绣球花

虎耳草科。灌木。叶纸质，倒卵形，边缘具粗齿。花朵团团锦簇，宛若待嫁姑娘手中的绣球；花瓣4枚，花色多变，有粉红色、淡蓝色、白色等，通常为不孕花。

用途
常见的观花植物。花和叶含八仙花苷，水解后产生八仙花醇，有清热抗疟作用，也可治心脏病。

分布
山东、江苏、安徽、浙江、福建、河南、湖北、湖南、广东及其沿海岛屿、广西、四川、贵州、云南等省区。朝鲜、日本有栽培。

观赏地
山茶园、蒲岗自然保护区。

❀ 花期

| 1 | 2 | 3 | 4 | 5 | 6 | 7 | 8 | 9 | 10 | 11 | 12 | 月份 |

我国绣球的栽培历史较早，【宋】周必大《玉堂杂记》有栽植绣球花的记载，【明】夏旦《药圃同春》记载了绣球花的生长开花习性并将绣球花用于江南私家园林栽培。宋朝已有咏绣球花的七言绝句。【元】张昱诗云："绣球春晚欲生寒，满树玲珑雪未干，落过杨花浑不觉，飞来蝴蝶忽成团"。【明】陈鸿吟："盈盈初发几枝寒，映户流苏百结团"。英国于1736年从我国引种绣球花，目前荷兰、德国和法国等欧洲国家都有普遍栽培。

Lagerstroemia speciosa (L.) Pers.

大叶紫薇
大花紫薇
百日红

千屈菜科。落叶乔木。叶对生，长椭圆形或长卵形。圆锥花序顶生；花冠大，紫或紫红色，花瓣6枚，卷皱状。蒴果圆形，成熟时茶褐色。

用途
为庭园绿荫树、行道树之优良树种。

分布
印度、斯里兰卡、澳大利亚、马来西亚、越南、菲律宾。广东、广西、福建等地广泛栽培。

观赏地
生物园、木本花卉区、经济植物区。

❀ 花期

1	2	3	4	5	6	7	8	9	10	11	12	月份

盛产于菲律宾群岛，当地俗称"巴拿巴"。菲律宾人传统上用"巴拿巴"的叶泡茶以治疗糖尿病和肥胖症。日本每年从菲律宾、巴西等国进口上千吨"巴拿巴"叶用于生产降糖保健茶。美国和日本等国家用"巴拿巴"叶的提取物 (Glucosol) 作为降血糖和减肥保健品已在市场上销售。广州仅作为行道树和园林植物，其药用价值有待进一步研发。

Typha angustifolia L.

水蜡烛

香蒲
蒲棒
蒲草
毛蜡烛

香蒲科。多年生草本，株高
1～2m。茎秆直立丛生，叶狭长，
叶片扁平，穗状花序紧密呈柱
状，黄褐色，形似蜡烛。

用途
传统中药材，有止血、化瘀等
功效。点燃后会散发特殊气味，
有驱蚊作用。挺水型水生观赏
植物，叶片挺拔，花序粗壮，
还有净化水质的作用，常用作
花境、水景的背景材料。

分布
全国各地及日本。常生长于沼
泽地或池塘边。

观赏地
水生植物园、温室群景区。

❀ **花期**

| 1 | 2 | 3 | 4 | 5 | 6 | 7 | 8 | 9 | 10 | 11 | 12 | 月份 |

🍂 **果期**

| 1 | 2 | 3 | 4 | 5 | 6 | 7 | 8 | 9 | 10 | 11 | 12 | 月份 |

水蜡烛及其同属的多种植物的
果穗均可入药，中药名蒲棒，
可治外伤出血。《诗经》曰："彼
泽之陂，有蒲与荷；彼泽之陂，
有蒲与蕑；彼泽之陂，有蒲菡
萏。" 其中的"蒲"指的就是
香蒲。

Piper hispidinervium C. DC.

毛脉树胡椒
树胡椒
毛叶树胡椒

胡椒科。常绿灌木。叶、花、果均有芳香。叶纸质，互生，叶脉被柔毛。花小，淡黄白色，无花被，呈环形着生于花序轴上。

枝叶可提取芳香油，是富含黄樟素的新型香料源植物。

原产南美洲。

药园、广州第一村。

❀ 花期

| 1 | 2 | 3 | 4 | 5 | 6 | 7 | 8 | 9 | 10 | 11 | 12 | 月份 |

黄樟素是重要的精细化工原料，是众多香料调配的主剂或定香剂。全世界每年约需要 2000 吨天然黄樟素，我国可生产 1000 吨。意大利、日本、美国是黄樟素应用的最大市场。生产黄樟素的植物资源有限，且日趋枯竭，因此许多国家都在积极寻找生产黄樟素的植物新资源。目前巴西产的毛脉树胡椒和光叶树胡椒（*P. callosum*）是尚未开发的黄樟素资源植物。

Plumeria obtusa L.

钝叶鸡蛋花
钝叶缅栀

夹竹桃科。小乔木，高3～5m。叶倒长卵形，叶端钝圆。聚伞花序顶生；花白色，花冠喉部具黄色斑纹，花较大，花径约7～8cm。

用途
树姿优美，花色美观，适合植于庭园观赏。

分布
原产墨西哥。广东等地有栽培。

观赏地
园林树木区、兰园。

❀ 花期
| 1 | 2 | 3 | 4 | 5 | 6 | 7 | 8 | 9 | 10 | 11 | 12 | 月份 |

钝叶鸡蛋花为常绿半落叶性小乔木，少见枝叶完全光秃，叶端钝圆，和一般鸡蛋花冬季完全落叶、叶端急尖的特性显著不同。

Hydrocleys nymphoides (Willd.) Buchenau

水罂粟
水金英

花蔺科。浮叶水生植物。叶近圆形，紧贴水面生长，顶端圆钝，基部心形，全缘。花黄色，花瓣3枚，薄如宣纸，花形极像罂粟花。

用途
优良的水生观赏植物，适合布置于园林水景中。

分布
原产巴西和委内瑞拉等地。我国南部有栽培。

观赏地
水生园、热带雨林温室。

❀ 花期

| 1 | 2 | 3 | 4 | 5 | 6 | 7 | 8 | 9 | 10 | 11 | 12 | 月份 |

为根生浮叶植物，地下根茎十分发达，茎圆柱形，长度随水深而异。喜阳光充足、温暖湿润的气候环境，不耐寒，在25～28℃的温度范围内生长良好，越冬温度不宜低于5℃。

Bunchosia armeniaca (Cav.) DC.

文雀西亚木

杏黄林咖啡

金虎尾科。灌木或小乔木，高
可达 5m。单叶对生，卵形或椭
圆形，叶缘波浪状。花柠檬黄
色，花瓣 5 枚。果实初浅绿色，
成熟后变为橙色或红色。

用途
南美果树，果实用作调味料。

分布
原产巴西、秘鲁、智利、哥伦
比亚、玻利维亚等地。

观赏地
木兰园前广场。

❀ 花期

| 1 | 2 | 3 | 4 | 5 | 6 | 7 | 8 | 9 | 10 | 11 | 12 | 月份 |

属名源于 bunchos，为古阿拉伯
语"咖啡"的名字，指其果实
与咖啡相似。果熟后果肉奶油
色，香甜滑腻，类似于花生酱，
故有英文名 Peanut Butter Fruit
（花生酱果）。成熟果实多是
生吃，也用作调料以制作果冻、
果酱、松饼或蜜饯和风味饮料。

Radermachera sinica (Hance) Hemsl.

菜豆树

豇豆树
森木凉伞
朝阳花
牛尾木

紫葳科。小乔木。二回羽状复叶。花冠钟状漏斗形，白色至淡黄色；裂片 5，圆形，具皱纹；雄蕊 4 枚，2 强；花柱外露。蒴果细长，下垂，形似菜豆。

用途
根、叶、果入药。木材黄褐色，质略粗重，年轮明显，可供建筑用材。枝、叶及根又治牛炭疽病。园林上作风景树或行道树，也可盆栽用于室内观赏。

分布
台湾、广东、广西、贵州、云南。不丹也有。

观赏地
药园、广州第一村、园林树木区、能源园。

❀ 花期

| 1 | 2 | 3 | 4 | 5 | 6 | 7 | 8 | 9 | 10 | 11 | 12 | 月份 |

🍂 果期

| 1 | 2 | 3 | 4 | 5 | 6 | 7 | 8 | 9 | 10 | 11 | 12 | 月份 |

药用与观赏兼用植物。其商品名为"幸福树"，寓意幸福、平安。用于室内陈列，对人体的健康有益，广受城市家居与办公环境欢迎。菜豆树的根、叶、果可做药用，具有凉血、消肿、退烧的作用，可治跌打损伤、毒蛇咬伤等。

Tristellateia australasiae A. Rich.

星果藤

蔓性金虎尾
三星果

其名字源自它如星星状的翅果。具有耐旱、抗风、喜阳光等特性，花开灿烂，花期长，是具开发潜力的园林藤本植物。华南植物园研究了星果藤的组培繁殖方法，获得了国家发明专利授权。

金虎尾科。常绿蔓性藤本。叶对生，卵形。总状花序顶生或腋生；花瓣金黄色，椭圆形，雄蕊10枚。翅果星形，初时绿色，成熟后转为褐色。

用途
适宜用作庭园、花廊和花架攀缘、垂直和立体绿化配置。

分布
我国台湾。东亚、中南半岛、澳大利亚热带地区和太平洋诸岛也有。

观赏地
岭南郊野山花区、奇异植物室。

❀ 花期

| 1 | 2 | 3 | 4 | 5 | 6 | 7 | 8 | 9 | 10 | 11 | 12 | 月份 |

🐝 果期

| 1 | 2 | 3 | 4 | 5 | 6 | 7 | 8 | 9 | 10 | 11 | 12 | 月份 |

Plumeria rubra
'Acutifolia'

鸡蛋花
庙树
塔树

夹竹桃科。落叶灌木或小乔木，枝粗厚而带肉质。叶厚纸质，多聚生于枝顶。花芳香，花冠漏斗状，五片花瓣轮叠而生，外面乳白色，中心鲜黄，酷似鸡蛋。

用途
常用作庭园美化，具有极高的观赏价值。在广东、广西民间常采其花晒干泡茶饮，可解毒、润肺，治湿热下痢；为凉茶"五花茶"的组成材料之一。

分布
广东、广西、云南、福建等省区有栽培。

观赏地
经济植物区、蕨园、药园、生物园、能源园、热带雨林温室。

❀ 花期

1	2	3	4	5	6	7	8	9	10	11	12	月份

鸡蛋花是老挝国花，我国肇庆市花，也是美国夏威夷的节日花。在我国西双版纳以及东南亚一些国家，鸡蛋花被佛教寺院定为"五树六花"之一而广泛种植，故又名"庙树"、"塔树"。

Asclepias curassavica L.

马利筋

莲生桂子花
芳草花
水羊角

萝摩科。多年生草本。伞形花序着花10余朵；花朵小巧玲珑，花冠朱红色，5深裂；副花冠金黄色，带有角状突起，矗立呈兜状。种子顶端具白色绢质种毛。

用途
生性强健，花朵多姿，观赏价值高。全草及根入药，有消炎止痛、清热解毒、活血化瘀等功效。

分布
原产热带美洲地区。

观赏地
药园、高山极地室、沙漠植物室。

❀ 花期

1	2	3	4	5	6	7	8	9	10	11	12	月份

马利筋在我国有160多年的栽培历史，清代《植物名实图考》（1848年）就有记载。花橙黄或红色，花心紫红色，花朵小巧玲珑，像一群在舞蹈的精灵，美丽的花儿常常招蜂引蝶，故英文名为 Buttefly weed。马利筋的叶片是蝴蝶的幼虫喜爱的食粮，可作为引蝶植物加以利用。种子有银白色长绒毛，便于飞行散布，繁衍后代。

Pontederia cordata L.

梭鱼草
北美梭鱼草
海寿花

雨久花科。多年生挺水或湿生草本。叶片较大，深绿色，叶形多变。穗状花序密生小花数十至上百朵；花蓝紫色，上方两花瓣各有两个黄绿色斑点。蒴果。

用途
优良的水生植物，其根系还有净化水质的功效。幼叶和果实可食用。

分布
原产美洲。华中、华南等地均有引种。

观赏地
水生园、温室群景区、蕨园、木本花卉区。

❀ 花期

| 1 | 2 | 3 | 4 | 5 | 6 | 7 | 8 | 9 | 10 | 11 | 12 | 月份 |

具有很强的适应性和观赏性，盛花时节一串串紫色的花在绿叶衬托下显得尤其清雅秀丽，是大面积湿地和河边绿化的优良观赏植物。梭鱼草对湿地水中的污染物也具有较强的去除功能，可用作水体净化的优良植物之一。中文名"梭鱼草"是由英文名 Pickerel weed 翻译而来。种加词 cordata 意为"心形的"，指叶基的形状。

Heliconia rostrata
Ruiz & Pav.

金嘴蝎尾蕉

垂花蝎尾蕉
金嘴赫蕉
垂花火鸟蕉

蝎尾蕉科。多年生草本。叶片狭
披针形。花序蝎尾状，自顶部
叶鞘中抽出，下垂；苞片 4 ~ 33
枚，中部红色，边缘金黄带绿色，
酷似五彩缤纷的小鸟。

用途
插花的优良材料，亦是优良的
园林绿化植物。

分布
原产美洲热带地区阿根廷至秘
鲁一带。华南地区有栽培。

观赏地
姜园、奇异植物室、经济植物区。

❀ 花期

1	2	3	4	5	6	7	8	9	10	11	12	月份

花序下垂，由多达 30 余枚苞片
组成。苞片大部红色，尖端染
上金黄色斑，形如金色小鸟的
鸟喙，因而得名。蝎尾蕉科花
盛开期长，皆源于其苞片蜡质，
持续时间长。

Passiflora coccinea Sol. ex Benth.

洋红西番莲
红花西番莲

西番莲科。藤本。花形奇特，呈放射状，极富层次感；花被片长披针形，红色；副花冠3轮，丝状，外轮紫褐色并散生白色斑点，内两轮稍短，白色。浆果卵圆形。

用途
蔓生攀爬透光性好，花极美丽，是优良的垂直绿化植物。

分布
原产南美尼加拉瓜、秘鲁等国。

观赏地
奇异植物室、热带雨林温室、姜园、能源园。

❀ 花期

| 1 | 2 | 3 | 4 | 5 | 6 | 7 | 8 | 9 | 10 | 11 | 12 | 月份 |

🍂 果期

| 1 | 2 | 3 | 4 | 5 | 6 | 7 | 8 | 9 | 10 | 11 | 12 | 月份 |

18世纪早期，西班牙传教士发现了西番莲，并认为其花的特别构造象征着耶稣受难图，西番莲因此而著名，并流传于整个欧洲大陆。

Bauhinia galpinii
N. E. Br.

橙花羊蹄甲
嘉氏羊蹄甲
南非羊蹄甲
红花羊蹄甲

苏木科。常绿灌木。树形低矮，枝条细软，向四周匍匐伸展。蝴蝶形的叶子精致小巧。橙红色的花热情洋溢，腋生。荚果扁平，成熟时褐色，木质化，常宿存。

用途
抗风耐旱，花姿花色美妍悦目，花期长，为良好的铺地性观花观叶植物。

分布
原产南非。

观赏地
杜鹃园。

✿ 花期

| 1 | 2 | 3 | 4 | 5 | 6 | 7 | 8 | 9 | 10 | 11 | 12 | 月份 |

花瓣橙红色，叶形似羊蹄之甲，故名。拉丁名种加词 galpinii 是为纪念南非植物学家 E. E. Galpin 而命名的。以他的名字命名的植物见于豆科金合欢属（*Acacia*）、 石蒜科垂筒花属（*Cyrtanthus*）、菊科仙人笔属（*Kleinia*）、百合科火把莲属（*Kniphofia*）和鸢尾科喇叭兰属（*Watsonia*）等。千屈菜科还有以他的名字命名的 *Galpinia* 属。

Abutilon pictum (Gillies ex Hook.) Walp.

纹瓣悬铃花
金铃花
风铃花

锦葵科。常绿灌木。叶掌状 3 ~ 5 深裂。花腋生；花柄细而长；花冠橙红色，具红色纹脉，瓣端向内弯，似钟形。

用途
观赏花卉。茎皮纤维可加工编织用品，叶和花具有活血 瘀、疏筋通络等功效。

分布
原产南美洲。福建、浙江、江苏等地有栽培。

观赏地
热带雨林温室、药园、生物园。

❀ 花期

1	2	3	4	5	6	7	8	9	10	11	12	月份

在生长条件适宜的地区能周年开花。花色艳丽，花形奇特，一朵朵半展开状的花朵挂在柔软的枝条上，如同迎风摇曳的铃铛，倍受人们喜爱。

Trigonostemon xyphophylloides
(Croiz.) L. K. Dai et T. L. Wu

剑叶三宝木

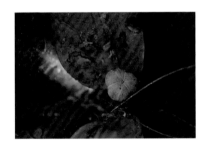

大戟科。灌木。小枝暗褐色，粗糙。叶互生，密集于小枝上部，倒披针形，似宝剑。雌雄异花，小花黄色，排成总状花序，腋生。蒴果略扁球形。

用途
庭院绿化，常栽于荫蔽处或林下。

分布
海南特有。

属名源于希腊语，trigonos 意为"三角形的"，stemon 意为"雄蕊"，指 3 雄蕊合生成三角柱体状。三宝木属约有 50 余种植物，多为灌木，主要分布在亚洲的热带和亚热带地区，我国产 10 种。在泰国和中国，三宝木为民间用药，具有化痰、止泻、防腐、杀菌等功效。研究发现，剑叶三宝木的植物提取物可用于制备抗艾滋病病毒的药物，三宝木属植物中的部分化合物显示出广泛生物活性，是有研发价值的，具有多种功能的新药用植物资源。

观赏地
能源园、广州第一村、热带雨林温室。

✿ 花期

| 1 | 2 | 3 | 4 | 5 | 6 | 7 | 8 | 9 | 10 | 11 | 12 | 月份 |

Trigonostemon flavidus Gagnep.

异叶三宝木

大戟科。灌木。小枝密被黄褐色长硬毛。叶纸质，倒披针形。雌雄异花；花小，花瓣5，暗紫红色。蒴果近球形。

用途
可种植于林下供观赏。

分布
海南特有。

观赏地
能源植物园、广州第一村、热带雨林温室。

❀ 花期

1	2	3	4	5	6	7	8	9	10	11	12	月份

花色为奇特的黑色，略带紫红，美丽妖艳，极具特色。常生于低海拔至中海拔山谷密林中，目前尚未有广泛地引种栽培。

Plumbago auriculata Lam.

蓝花丹
蓝雪花
花绣球
蓝茉莉

白花丹科。常绿半蔓性灌木。枝有棱槽，初直立，后俯垂。花朵聚生枝头如绣球状；花冠高脚碟状，浅蓝色或淡紫色，花筒极细长，花瓣 5 枚，每瓣中央有一深紫色的纵纹线。

用途
花色轻淡、雅致，适合庭园丛植、缘栽，作花坛、地被或盆栽观赏。根、叶药用，有败毒抗癌、消肿散结、祛瘀止痛作用。

分布
原产南非南部。华南、华东、西南地区和北京有栽培。

生长期长，花期较长。除寒冬外，常年有花，春夏盛花。本属另有一个白色花的种，是白花丹家族的"明星"植物。属名 Plumbago 系拉丁语 plumbum（铅）和 ago（遭遇）的合成词，指叶片粗糙可用于打磨铅器；种加词 auriculata 意为"耳形的"，因其上部叶的叶柄基部常有小形半圆至长圆形的耳。

观赏地
热带雨林温室、岭南郊野山花区。

❀ 花期

| 1 | 2 | 3 | 4 | 5 | 6 | 7 | 8 | 9 | 10 | 11 | 12 | 月份 |

Musa ornata
Roxb.

紫苞芭蕉
美粉芭蕉
莲花蕉

芭蕉科。多年生草本。假茎高
1～3m；叶长椭圆形，顶端截
形。花序顶生，直立；紫红色
的苞片层层包被，形似莲花；
每苞片内有花一列，3～5朵，
黄色。果实成熟时黄绿色。

用途
优良园林绿化造景植物；也可
作大型盆栽，布置于厅堂、会
议室。花序是高档的切花材料。

分布
原产缅甸、孟加拉国、印度。
我国南方有栽培。

为丛生类中型芭蕉，因苞片紫色
而得名。花序顶生，如长在树上
含苞待放的莲花。雄花芽煮熟可
食或用于制作沙拉；在印度东北
部，根也用于草药制剂。

观赏地
姜园、奇异植物室。

❀ 花期

| 1 | 2 | 3 | 4 | 5 | 6 | 7 | 8 | 9 | 10 | 11 | 12 | 月份 |

Thevetia peruviana
(Pers.) K. Schum.

黄花夹竹桃

黄花状元竹
黄酒杯花
柳木子

夹竹桃科。常绿乔木。枝条柔软，小枝下垂；全株具丰富乳汁，有毒。花冠酒杯状，黄色，裂片向左覆盖。

用途
常用于庭院绿地点缀。种子可榨油，供制肥皂、点灯、杀虫和鞣料用油，油粕可作肥料。果仁含黄花夹竹桃素，有强心、利尿、祛痰、发汗、催吐等作用。

分布
原产美洲热带地区。台湾、福建、广东、广西和云南等省区均有栽培。

欧洲有关于夹竹桃的爱情传说："大地之神"的爱女"白妙公主"楚楚动人之态，肌肤凝霜之白，追求者众，可她父亲独独喜欢英俊有为的"植物之神"。爽直而帅气的"植物之神"说："白妙公主美丽温柔，但白皙的脸庞缺乏生气"。大地之神求助于天帝，天帝赐予一枝夹竹桃，粉红色花朵捣碎糊在公主的脸上，黄色夹竹桃插在鬓角。顿时，公主如霜的脸蛋粉嫩如婴，与高贵色泽的黄夹竹桃花交相辉映。"植物之神"依约求婚。

观赏地
生物园、药园、广州第一村、裸子植物区。

✿ 花期

| 1 | 2 | 3 | 4 | 5 | 6 | 7 | 8 | 9 | 10 | 11 | 12 | 月份 |

Hibiscus macilwraithensis
(Fryxell) Craven & B. E. Pfeil

岩河锦葵
白炽花

锦葵科。小灌木，高1 ~ 4m。
叶两面被毛。花单瓣，花冠雪白，
花蕊结构似白炽灯。

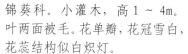
用途
木槿属植物中难得的白花种，
花形优美，花色纯白，观赏价
值高。

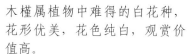
分布
原产澳大利亚昆士兰州。

观赏地
澳洲园。

 花期

| 1 | 2 | 3 | 4 | 5 | 6 | 7 | 8 | 9 | 10 | 11 | 12 | 月份 |

其英文名为 Rocky River Macrostelia，中文名译自英文名，别名"白炽花"。其属名 Hibiscus 源于希腊语 hibiskos，是一种沼生锦葵；其种名 macilwraithensis 为地名，在澳大利亚昆士兰州。

Euphorbia cyathophora Murr.

猩猩草

老来娇
草本象牙红
草本一品红

大戟科。一年生草本。花小，有蜜腺，排列成密集的伞房花序；入秋后，叶片状的总苞一半碧绿，一半猩红，划分清晰，极具特色。

用途
常用作花境或空隙地的背景材料，也可作盆栽和切花材料。

分布
原产中南美洲热带地区。大部分地区广泛种植。

与白苞猩猩草（*E. heterophylla*）较类似，但猩猩草总苞叶淡红色或基部红色，腺体压扁，近二唇形，叶两面无毛；而白苞猩猩草总苞叶绿色或基部白色，腺体圆形，叶两面被毛。猩猩草开花时枝顶簇生的红色苞片是主要的观赏部位，其小花顶生在苞片中央的杯状花序内，并不显著。

观赏地
经济植物区、药园、标本园。

❀ 花期

1	2	3	4	5	6	7	8	9	10	11	12	月份

Jatropha curcas L.

麻疯树

小桐子
芙蓉树
膏桐

大戟科。落叶灌木或小乔木。叶纸质，近圆形至卵圆形，基部心形，全缘或 3～5 浅裂。枝、干、根近肉质，具丰富乳汁。蒴果椭圆状，嫩果的外果皮肉质，黄色。

用途
富含类似石油成份的能源植物。

分布
原产美洲热带。福建、台湾、广东、海南、广西、贵州、四川、云南等省区有栽培或少量逸为野生。

观赏地
能源园、药园。

种子油含有白麻风树毒，接触皮肤会导致过敏，出现红疹等。食用功效与巴豆似，但相对较弱，3～5 粒种子壳细磨服下可引起腹泻，过量可致人死亡。全株有毒，茎、叶具有丰富的白色乳汁，内含大量毒蛋白、麻疯酮等抗病毒、抗 AIDS、抗肿瘤成分，可开发作医药、生物农药和生物杀虫剂等。种子含油量高达 60% 以上，可加工转化为汽油、柴油，且在闪点、凝固点、硫含量、一氧化碳排放量、颗粒质等方面均优于国内零号柴油，是一种环保的新型燃油，因此，麻疯树被称为"柴油树"，是极有开发应用前景的能源植物。

❀ 花期

| 1 | 2 | 3 | 4 | 5 | 6 | 7 | 8 | 9 | 10 | 11 | 12 | 月份 |

🦋 果期

| 1 | 2 | 3 | 4 | 5 | 6 | 7 | 8 | 9 | 10 | 11 | 12 | 月份 |

Heliconia psittacorum × *marginata* 'Nickeriensis'

红火炬蝎尾蕉
黄金鸟

蝎尾蕉科。多年生草本，植株矮，高约 1 ~ 2m。叶互生，披针形。花序顶生，呈蝎尾状，直立；苞片橘红色，边缘黄色，5 ~ 10 枚呈二列互生排列；花米黄色。

用途
园林观赏植物。

分布
原产南美洲圭亚那、苏里南。

观赏地
姜园、热带雨林温室。

✿ 花期

为小型蝎尾蕉类植物，性喜高温高湿，极怕霜冻。花形奇特、艳丽多姿，既可作园林景观绿化布置，又可作盆栽观赏，更可作高档的鲜切花材料。在热带地区可全年开花，是一种具有较高观赏价值的典型热带花卉。

Couroupita guianensis Aubl.

炮弹树
炮弹果
炮弹花

玉蕊科。乔木。花瓣浅碟状，内侧粉红或深红色，外侧淡黄色；聚生雄蕊二型，短的形如毛刷，长的状似海葵的触须。果实球形，茶褐色，浑圆如生锈的古代炮弹。

用途
艳花硕果悬垂于干，甚是奇特，被视为珍奇的热带庭园树木。

分布
原产南美洲圭亚那、巴西和加勒比海地区。

花艳丽、芳香四溢，常种植为观赏植物。果实喂养家畜和家禽，人亦可食用，但因令人不悦的气味而不为人们所喜欢。印度教徒认为炮弹树是圣树，因其花看起来像娜迦，种植于湿婆神庙宇。炮弹果的提取物具有一定的抗菌活性，能抑制生物膜的形成。土著亚马逊人用其治疗高血压、肿瘤、疼痛和炎症。

观赏地
奇异植物室、生物园。

❀ 花期

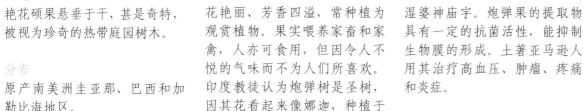

| 1 | 2 | 3 | 4 | 5 | 6 | 7 | 8 | 9 | 10 | 11 | 12 | 月份 |

Quisqualis indica L.

使君子

留球子
索子果
仰光藤

使君子科。常绿攀缘状灌木。叶对生，椭圆形，两面均被灰白色柔毛。穗状花序有花12～15朵，倒挂下垂；花清香，初开时白色，后变粉红，再变为深红色。

用途
优良的藤架植物或半直立的绿化分隔带植物。叶、果实和根均可入药，有降逆止咳、杀虫健脾等功效。

分布
我国南部。印度、缅甸、菲律宾等地也有。

相传北宋年间四川潘州（今松潘）有一姓郭名使君的医生，善用该药治疗小儿疳积，因此得名。

观赏地
岭南郊野山花区、药园、蕨园。

❀ 花期

| 1 | 2 | 3 | 4 | 5 | 6 | 7 | 8 | 9 | 10 | 11 | 12 | 月份 |

Cestrum aurantiacum Lindl.

黄花夜香树

黄瓶子花
黄花洋素馨
金夜丁香

茄科。常绿灌木。叶长圆状卵形或椭圆形。总状聚伞花序，花近无梗，花萼钟状，花冠筒状漏斗形，开展或向外反折，淡黄色至橙色，夜间极香。浆果白色。

用途
花形独特，亮丽，芳香，适合庭园绿化或盆栽观赏。

分布
原产美洲热带，现广植于热带及亚热带地区。

花淡黄色至橙色，与芒果的颜色相似，因此也称之为"芒果夜香树"。该树生命力顽强，耐修剪，可修剪成任何形状，也可作为盆栽，盆栽条件下可全年开花。其花朵吸引蝴蝶，尤其是银纹红袖蝶（Gulf Fritillaries）和大黄带凤蝶（Giant Swallowtails）。与其同家族的曼陀罗一样，黄花夜香树的果实和叶片含有毒素，要避免宠物和小孩误食。

观赏地
药园。

✿ 花期

1	2	3	4	5	6	7	8	9	10	11	12	月份

Jasminum elongatum (P. J. Bergius) Willd.

扭肚藤

谢三娘
白金银花
白花茶

木犀科。攀缘灌木。单叶对生，纸质。聚伞花序有花多朵；花冠白色，高脚碟状。浆果卵圆形，黑色。

用途

花形别致，用于观赏。嫩茎及叶干燥后可入药，用于治疗湿热腹痛泻痢。

分布

广东、海南、广西、云南。

因其干燥嫩茎及叶可治疗湿热腹痛泻痢，故而得名。扭肚藤是"腹可安"的重要组方成分。

观赏地

药园、能源园、岭南郊野山花区、热带雨林温室

❀花期

| 1 | 2 | 3 | 4 | 5 | 6 | 7 | 8 | 9 | 10 | 11 | 12 | 月份 |

Clerodendrum japonicum (Thunb.) Sweet

赪桐
状元红

马鞭草科。灌木。茎直立，幼茎四方形。叶对生，心形，纸质，背面密生黄色腺体，叶缘浅齿状。总状圆锥花序，顶生，向一侧偏斜；花小，而花丝长；花萼、花冠、花梗均为鲜艳的深红色。果圆形，蓝紫色。

用途
花艳丽如火，单植或成片栽植效果俱佳。全株药用，治风湿骨痛、跌打肿痛、疮疖等，又可作绿肥。

分布
亚洲热带低海拔林缘或灌木丛中。

观赏地
岭南郊野山花区、药园。

❀ 花期

1	2	3	4	5	6	7	8	9	10	11	12	月份

在海南等地，赪桐常生于村庄周围，蕴藏量较多，植株无硬刺、无毒，便于割取且柔嫩易腐烂，肥效较好，是当地一种常用的自然肥源。

Clerodendrum bungei Steud.

臭牡丹

大红袍
臭梧桐
墨西哥绣球

马鞭草科。小灌木。叶宽卵形或心形，边缘有锯齿或呈波状。聚伞花序密生如绣球花，花萼漏斗状，花冠白色或淡粉红色。浆果深蓝色。

用途
根、茎及叶可入药，有祛风解毒、消肿止痛的功效，还可治疗子宫脱垂。

分布
中国和印度北部。越南也有。

叶揉碎会发出难闻的气味，因此称为"臭牡丹"。叶色浓绿，花朵优美，花期长，是一种非常美丽的园林花卉。适应性广，抗逆性强，对水肥要求不严，管理粗放，非常符合当前城市建设采用节约型园林植物的要求。药材"臭牡丹"全株入药，著名的云南蛇药也含有"臭牡丹"。

观赏地
岭南郊野山花区。

❀ 花期

| 1 | 2 | 3 | 4 | 5 | 6 | 7 | 8 | 9 | 10 | 11 | 12 | 月份 |

Mansoa alliacea (Lam.) A. H. Gentry

蒜香藤
张氏紫薇
紫铃藤

紫葳科。攀缘状灌木，具卷须。花冠筒状，开口五裂，刚开时为粉紫色，慢慢转成粉红色，再变白色后掉落。整个植株在花期可见多种色彩并存，格外瞩目。

用途
可地栽、盆栽，或作为篱笆、围墙、凉亭、棚架装饰之用，还可做阳台攀缘或垂吊花卉，是很好的造景植物。

分布
原产南美洲的圭亚那和巴西。

花朵及叶片揉碎后有大蒜的气味，故名蒜香藤。人们赋予蒜香藤互相思念的寓意。

观赏地
棕榈园、药园、温室群景区。

❀ 花期

| 1 | 2 | 3 | 4 | 5 | 6 | 7 | 8 | 9 | 10 | 11 | 12 | 月份 |

Pachira aquatica Aubl.

水瓜栗
中美木棉
马拉巴栗

木棉科。常绿乔木。掌状复叶。花瓣质如海绵状，外面淡黄，里面乳白，盛开时向外弯卷，像剥开的香蕉皮。雄蕊多数，花丝的上端粉红，下端白色，非常雅致漂亮。

用途
绿化观赏植物。

分布
原产南美州东北部的巴西、圭亚那、委内瑞拉等地的热带雨林地区。

1978年7月华南植物园的园林工作者考察美洲时，将水瓜栗等71种植物作为美洲种质资源首次引入我国。水瓜栗与有名的观赏植物"发财树"（瓜栗）是同属植物，其观赏价值毫不逊色于"发财树"，已逐步被人们认识和开发利用。

观赏地
经济植物区、热带雨林温室、木本花卉区。

❀ 花期

| 1 | 2 | 3 | 4 | 5 | 6 | 7 | 8 | 9 | 10 | 11 | 12 | 月份 |

Barringtonia racemosa (L.) Spreng.

红花玉蕊
玉蕊
水茄

玉蕊科。常绿小乔木。穗状花序下垂，长达70cm或更长，串串红色，雄蕊多，花丝长。果实圆锥形。

用途
珍奇的庭园观赏树木。药用，可泻火退热，止咳平喘。

分布
广布于非洲、亚洲和大洋洲的热带亚热带地区。台湾、海南有分布。

观赏地
热带雨林温室、岭南郊野山花区。

❀ **花期**

1	2	3	4	5	6	7	8	9	10	11	12	月份

多生长于滨海潮湿地，喜强光照射，具有一定的耐旱和抗涝能力。树姿优美，花朵清丽芳香，春末夏初开花，花期长，秋季果熟，鲜蓝色的累累果实亦堪观赏。枝叶繁茂，有抗烟尘和抗有毒气体的环保作用。可采用播种、压条和扦插繁殖。

Terminalia arjuna
(Roxb. ex DC.)
Wight & Arn.

阿江榄仁
三果木
柳叶榄仁

使君子科。落叶乔木，高10～20m，有板根，树皮呈片状剥落。侧枝轮生，呈水平状开展。叶倒卵形，先端圆或有小突尖。花小，淡黄色。果卵形，具5翅，熟时黄褐色。

用途
叶大姿美，夏季绿树成荫，为优良的行道树。木材坚硬，可用于造船、建房等。叶子可作柞蚕的食物，以生产柞蚕丝。

分布
原产于印度。中国广东有栽培。

茎皮含有苷、大量的类黄酮、单宁和矿物质。古印度医生将阿江榄仁树皮磨成粉，治疗心绞痛和其他心血管疾病。现代医学研究表明，阿江榄仁茎皮具有显著提高肌力和降压作用，可增加冠脉流量，保护心肌对缺血性损伤，也被发现有轻度利尿，抗血栓形成，提高前列腺素E功能和降血脂效果。

观赏地
第一村、园林树木区、生物园、标本园、热带雨林温室、阿江榄仁路。

❀ 花期

1	2	3	4	5	6	7	8	9	10	11	12	月份

🌱 果期

1	2	3	4	5	6	7	8	9	10	11	12	月份

Cassia fistula L.

腊肠树

阿勃勒
牛角树
波斯皂荚
金急雨

苏木科。乔木。叶为偶数羽状复叶。花黄色。荚果圆柱形，长 30 ～ 60cm，成熟时黑褐色，好似一根根挂在树枝上的腊肠，内有种子近 100 粒。

用途
腊肠树花美果奇，是优美的庭园观赏树。果瓤、树根和树皮入药，可治疗十二指肠溃疡。树皮含单宁，可做红色染料或制皮革。木材坚硬，耐腐力强，可做桥梁、支柱和农具。

分布
印度、缅甸和斯里兰卡。我国南部和西南部各省区均有栽培。

观赏地
木本花卉区、经济植物区、药园、生物园、广州第一村。

腊肠树夏日开花，满树金黄，花序随风摇曳，花瓣随风如雨落，所以又名"黄金雨"。秋日果荚长垂如腊肠，故而得名。腊肠树是泰国的国花，泰国人认为黄色的花瓣象征泰国皇室。

2006 年在泰国清迈农业研究中心举办的"世界园艺博览会"即以"腊肠树"为主题。

❀ 花期

1	2	3	4	5	6	7	8	9	10	11	12	月份

🍃 果期

1	2	3	4	5	6	7	8	9	10	11	12	月份

Hopea hainanensis Merr. & Chun

坡垒

海梅
海南坡垒
石梓公

212

龙脑香科。乔木。树干通直，树皮暗褐色，具白色皮孔。叶互生，革质，长圆形至长圆状卵形，叶柄有皱纹。圆锥花序，小花于单侧着生。坚果卵形，宿存的萼翅5片，2片较大。

用途

我国珍贵用材树种之一，经久耐用，适宜做渔轮的外龙骨，内龙筋，轴套及尾轴筒，首尾柱；亦作码头桩材、桥梁和其他建筑用材等。

分布

海南。越南北部。

坡垒是海南热带沟谷雨林的代表树种和特有树种，木材珍贵，树脂可供药用和作油漆原料，具有较高科研价值和保护价值，被列为国家Ⅰ级保护植物。

观赏地

广州第一村、珍稀濒危园、园林树木区。

❀ 花期

| 1 | 2 | 3 | 4 | 5 | 6 | 7 | 8 | 9 | 10 | 11 | 12 | 月份 |

🦋 果期

| 1 | 2 | 3 | 4 | 5 | 6 | 7 | 8 | 9 | 10 | 11 | 12 | 月份 |

Callistemon rigidus R. Br.

红千层
红瓶刷子树

桃金娘科。小乔木。叶片线形。穗状花序酷似瓶刷；花丝长且鲜红，花药暗紫色；花柱稍长于雄蕊，先端绿色，其余红色。

用途
树姿优美、花形奇特、适应性强，适用于园林绿化。叶提取香油，也可药用。

分布
原产澳大利亚。广东及广西有栽培。

观赏地
澳大利亚植物专类园。

❀ 花期

| 1 | 2 | 3 | 4 | 5 | 6 | 7 | 8 | 9 | 10 | 11 | 12 | 月份 |

红千层同属植物有 20 多种，具有极高的园林开发应用前景。红千层在 2008 年上海世界博览会被选为主要观赏树种之一；美花红千层（*C. citrinus*）和多花红千层（*C. speciosus*）被选为第16 届广州亚运会花卉。喜暖热气候，能耐烈日酷暑，不耐寒、不耐阴，喜肥沃潮湿的酸性土壤，也能耐干旱瘠薄。生长缓慢，萌芽力强，耐修剪，抗风。

Cassia javanica L.

爪哇决明

爪哇旃那
彩虹旃那
彩虹决明

苏木科。乔木。树冠伞形，树干及枝条下垂状，具针刺。羽状复叶。花粉红或粉白色，沿枝条密生成簇。果实为荚果。

用途
爪哇决明枝干颀长飘逸，羽叶扶疏，盛花期极为绚丽，是华南地区大力推广的优良园林树种。

分布
原产印度尼西亚爪哇岛、马来西亚。

观赏地
大草坪东侧、生物园、药园。

❀ 花期

| 1 | 2 | 3 | 4 | 5 | 6 | 7 | 8 | 9 | 10 | 11 | 12 | 月份 |

爪哇决明是半常绿乔木，每年2-3月有一个短暂的换叶期。其英文名为 Rainbow Shower，有彩虹之意。盛花时节开满树冠，粉白相间，不是彩虹，胜似彩虹。

Nymphaea tetragona Georgi

睡莲

子午莲
水芹花

午时开花子时敛，或子时开午时敛，故名子午莲，被誉为"花中睡美人"。睡莲花、叶俱美，园林应用很早。2000多年前我国汉代私人园林中已广泛运用，如【西汉】博陆侯霍光园中有五色睡莲池。古希腊、古罗马将睡莲敬为女神供奉，古埃及视之为太阳的象征。睡莲具"胎生"，在母体上由无性繁殖形成新幼体，或从花朵中长出，或从叶片与叶柄结合处(叶脐)长出。睡莲寓意洁净、纯真、妖艳。

睡莲科。多年水生草本。叶浮于水面，心状卵形或卵状椭圆形，基部具深弯缺。花瓣宽披针形，雄蕊多数，花药条形，黄色；花期全年。浆果球形；种子黑色。

用途
根茎富含淀粉，可食用或酿酒，还可入药做强壮剂、收敛剂，用于治疗肾炎病。根能吸收水中的汞、铅、苯酚等有毒物质，过滤水中的微生物，是难得的净化水体的植物材料。

分布
各地广泛栽培。生在池沼中。

观赏地
水生园、温室群景区、蕨园蒲沼赏荷景区。

❀ 花期
| 1 | 2 | 3 | 4 | 5 | 6 | 7 | 8 | 9 | 10 | 11 | 12 | 月份 |

Utricularia aurea
Lour.

黄花狸藻

狸藻
黄花挖耳草
水上一枝黄花
金鱼茜

狸藻科。一年生沉水食虫草本。叶 2 ~ 3 回羽裂，裂片基部有捕虫囊。花极小，花冠黄色，喉部有时具橙红色条纹，下唇较大。蒴果球形。

用途
沉水景观布置。

分布
江苏、安徽、浙江、江西、福建、台湾、湖北、湖南、广东、广西和云南。

观赏地
水生植物园。

❀ 花期

| 1 | 2 | 3 | 4 | 5 | 6 | 7 | 8 | 9 | 10 | 11 | 12 | 月份 |

黄花狸藻属于捕虫植物的一种，其裂片基部着生有囊状的小体，即捕虫囊，能捕捉水中的小虫，并通过分泌一种酵素，消化吸收虫体中的氮素养料供己用。种加词 aurea 意为"金色"，指其花朵颜色。

Aeschynanthus pulcher (Blume) G. Don

口红花
花蔓草

苦苣苔科。多年生常绿蔓生草本。叶对生，稍肉质。花成对生于枝顶；花萼筒状，黑紫色，被腺毛；花冠鲜红色，从花萼中伸出，好像从筒中旋出的"口红"。

用途

植株蔓生，枝条下垂，常栽植于悬篮中作为垂吊植物。

分布

原产马来半岛及爪哇等亚洲热带地区。

观赏地

热带雨林温室、药园。

❀ **花期**

| 1 | 2 | 3 | 4 | 5 | 6 | 7 | 8 | 9 | 10 | 11 | 12 | 月份 |

是近年引入中国的优良垂吊植物，因花蕾形似口红而得名。口红花株型优美，茎叶繁茂，花色艳丽，可摆放于几案，也可悬垂观赏，其花叶皆具较高的观赏价值，是家庭养花之时尚佳品。喜温暖半阴环境，适合家庭窗台摆放；栽植盆土以疏松肥沃、略呈酸性的腐质土为宜，适当浇水施肥，使土壤保持湿润，忌积水；以春、夏季扦插繁殖为主。

Solanum wrightii Benth.

大花茄
木番茄

茄科。常绿大灌木或小乔木。叶互生，叶片大、通常羽状半裂，叶面具刚毛状单毛。花冠浅钟状，5 裂，初开时蓝紫色，渐褪至近白色。浆果球形，成熟时橙黄色。

用途
园林观赏植物。

分布
原产南美玻利维亚至巴西，现热带、亚热带地区广泛栽培。

观赏地
珍稀濒危植物繁育中心。

❀ 花期

1	2	3	4	5	6	7	8	9	10	11	12	月份

茄科中少见的木本植物，高度可达 10m，一般栽培植株可达 3～5m 高。性喜高温，耐热、耐旱、不耐寒。不择土壤，喜排水良好的壤土或沙质壤土。采用嫁接、扦插繁殖。除用作观赏外，还可作食用茄子的砧木，利用其强大的根系促进茄子生长，并营造"大树结茄子"的奇观。

Mussaenda erythrophylla Schumach. & Thonn.

红纸扇

红玉叶金花
血萼花

红纸扇深红色花瓣状结构是变态的叶状萼片，真正的花冠是中心的"小五角星"。喜高温，畏寒，越冬温度最好在 15℃以上。

茜草科。常绿或半落叶直立或攀缘状灌木。叶纸质，两面被疏柔毛，叶脉红色。聚伞花序；叶状萼片深红色，卵圆形，顶端短尖，被红色柔毛，有纵脉 5 条；花冠黄色。

用途
适合栽培于林下、草坪周围或庭院内，颇具野趣。

分布
原产西非。

观赏地
棕榈园、药园、生物园、经济植物区、温室群景区。

❀ 花期

| 1 | 2 | 3 | 4 | 5 | 6 | 7 | 8 | 9 | 10 | 11 | 12 | 月份 |

Adina pilulifera (Lam.) Franch. ex Drake

水团花
水杨梅
假马烟树

茜草科。常绿灌木至小乔木。叶对生，厚纸质，椭圆形至椭圆状披针形。头状花序腋生，球形；花冠白色，窄漏斗状；雄蕊5枚，着生花冠喉部；花柱伸出。

用途

全株可治家畜瘢痧热症。木材供雕刻用。根系发达，是很好的固堤植物。

分布

长江以南各省区。日本和越南也有。

观赏地

广州第一村、药园、水生植物园、热带雨林温室。

❀ 花期

| 1 | 2 | 3 | 4 | 5 | 6 | 7 | 8 | 9 | 10 | 11 | 12 | 月份 |

耐水湿的木本湿生植物，根有抗淹性，能正常生活在水饱和或周期性淹水的土壤里。头状花序状如杨梅，故又称"水杨梅"。水团花的枝条披散，婀娜多姿，球花吐蕊，适宜用于水景布置。

Russelia equisetiformis Schltdl. & Cham.

炮仗竹
爆竹花
吉祥草

玄参科。常绿亚灌木。枝条纤细、柔软，常悬垂生长。叶退化成披针形的小鳞片。花较小，长筒状，鲜红色，如红鞭炮般成串地挂在下垂的枝条上。

用途
宜在花坛边种植，也可盆栽观赏。

分布
原产墨西哥及中美洲，广东和福建等地有栽培。

观赏地
温室群景区、药园。

❀ 花期

1	2	3	4	5	6	7	8	9	10	11	12	月份

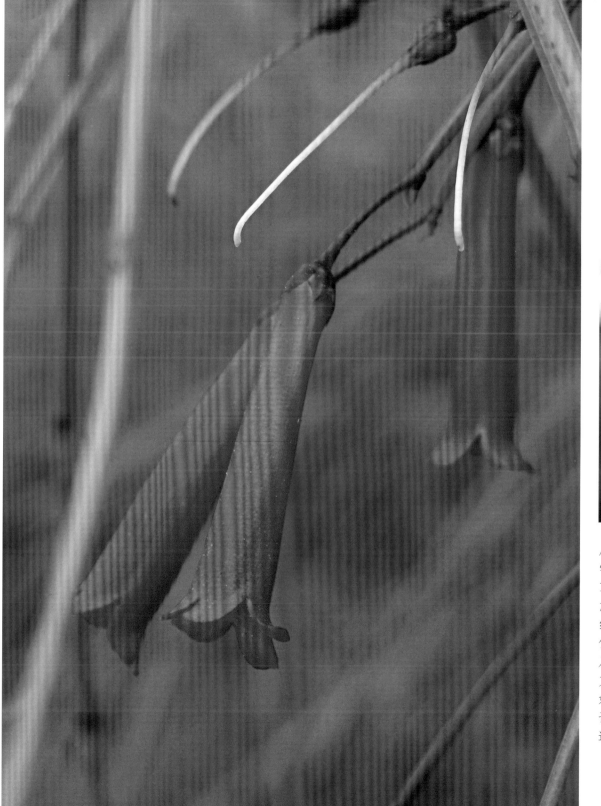

属名 Russelia 为纪念苏格兰博物学家 Alexander Russell（1715—1768 年）；种加词 equisetiformis 意为"木贼形的"，因其枝条纤细，退化叶轮生，植株外形似木贼科植物而得名。炮仗竹乃舶来品，喜温暖湿润和阳光充足的环境，光照越强开花越好。因此，栽培中要尽可能地让其多接受光照，盛夏也不必遮阴。

Hibiscus syriacus L.

木槿

舜
槿
荆条
朝开暮落
喇叭花

锦葵科。落叶灌木。叶互生，3深裂、浅裂或不裂，边缘具不规则锯齿。花单生于枝上部叶腋；单瓣或重瓣，花色有白、水红、红、黄、紫等色，陆离缤纷。

用途
花繁叶茂，适宜用作园林花篱、绿篱及庭院布置。嫩叶可做蔬菜，也可代茶；花可作羹食用，有清热凉血，解毒消肿的功效；根、茎皮可清热利湿，杀虫止痒；果实称"朝天子"，可清肺化痰，解毒止痛。

分布
我国中部各省。现南北各地都有栽培。在韩国被奉为国花。

观赏地
生物园、木本花卉区、药园、热带雨林温室。

❀ 花期

1	2	3	4	5	6	7	8	9	10	11	12	月份

《诗经·郑风》云："有女同车，颜如舜华。有女同行，颜如舜英。"汉代东方朔咏槿云"木槿夕死朝荣"，因仅荣一瞬，故古谓之为"舜"。【唐】李商隐《槿花》云："风露凄凄秋景繁，可怜荣落在朝昏。未央宫里三千女，但保红颜莫保恩"。木槿寓意坚韧、质朴、永恒、美丽。

Nelumbo nucifera Gaertn.

荷花
芙蕖
芙蓉
水宫仙子

荷花是印度和越南的国花，也是佛教圣花之一。传统中国文化认为荷花代表着纯洁、坚贞、无邪、高雅、清正的品质。周敦颐《爱莲说》描述它"出淤泥而不染，濯清涟而不妖"。佛经有"莲花夫人"的美妙故事，"步步莲花"即源于此，现用来比喻经历的辉煌。

睡莲科。多年生水生植物。根茎（藕）肥大多节。叶盾状圆形。花高托出水面，花色有白、粉、深红、淡紫色或间色等变化；花托受精后膨大成莲蓬，每一孔洞生一小坚果（莲子）。

用途
水生观赏花卉。荷花全身是宝，根茎、莲子可食用，叶、莲蓬可药用，此外还可净化水质。

分布
我国各地。亚洲温带地区、印度至马来西亚、大洋洲；世界各地均有种植。

观赏地
温室群景区、木本花卉区水景区、水生园等。

❀ 花期

1	2	3	4	5	6	7	8	9	10	11	12	月份

🦋 果期

1	2	3	4	5	6	7	8	9	10	11	12	月份

Momordica cochinchinensis (Lour.) Spreng.

木鳖子

番木鳖
糯饭果
老鼠拉冬瓜

葫芦科。多年生藤本。叶片卵状心形，常3裂。花单性，雌雄异株；花冠黄色，含苞待放时由叶状苞片紧裹成荷包状。果实椭圆形，成熟时红色，肉质，密生具刺尖的突起；种子黑褐色，坚硬。

用途
果大而艳丽，是美丽的观果藤本植物。种子、根和叶均可入药，有消肿、解毒、止痛之效，可治疮疡、无名肿毒等。

分布
南方大部分省区有栽培。

观赏地
药园、生物园。

❀ 花期

| 1 | 2 | 3 | 4 | 5 | 6 | 7 | 8 | 9 | 10 | 11 | 12 | 月份 |

🍂 果期

| 1 | 2 | 3 | 4 | 5 | 6 | 7 | 8 | 9 | 10 | 11 | 12 | 月份 |

有毒中药材，因其干燥成熟的种子似鳖甲状而得名。始载于【宋】《开宝本草》，具散结消肿、攻毒疗疮之功效。《本草正》曰："木鳖子，有大毒，《本草》言其甘温无毒，谬也，今见毒狗者，能毙之于顷刻，使非大毒而有如是乎？人若食之，则中寒发噤，不可解救，若其功用，则惟以醋磨，用敷肿毒乳痈，痔漏肿痛及喉痹肿痛，因此醋漱于喉间，引痰吐出，以解热毒，不可咽下。与朱砂、艾叶卷筒熏疥，杀虫最效，或用熬麻油，擦癣亦佳。"

Bixa orellana L.

红木
胭脂木
红金树

红木科。常绿小乔木。叶具长柄，心形或截形。圆锥花序顶生；花瓣5枚，粉红色，雄蕊多数，酷似大朵的桃花或桃金娘。果实似绒球，密被软刺，成熟时红色至暗红色。

用途
优美的园林绿化树种。种子可提取朱红色染料Annatto，无毒无味，着色性好，广泛用于食品、药品、纺织品等行业。种子入药作收敛退热剂。树皮坚韧，富含纤维，可制成结实的绳索。

分布
原产热带美洲，17世纪西班牙人引入东南亚。广东、云南、广西、台湾等地有栽培。

红木是热带地区最著名的染料植物。蒴果成熟后变为褐色并会自行裂开，内含30~50粒呈角锥状种子，红色种皮切碎后可做红色染料，为乳酪、奶油或巧克力着色。亚马逊河流域与西印度群岛的原住民取其种子，拌合唾液，再用手掌搓揉，涂抹在脸部及皮肤上，作为身体的装饰，看起来就像涂上胭脂一般艳丽，因此得名"胭脂木"。

观赏地
生物园、广州第一村、经济植物区、药园、标本园、木本花卉区。

❀ 花期

1	2	3	4	5	6	7	8	9	10	11	12	月份

🐝 果期

1	2	3	4	5	6	7	8	9	10	11	12	月份

Euscaphis japonica
(Thunb.) Kanitz

野鸦椿

鸡肾果
鸡眼睛
酒药花

省沽油科。落叶小乔木或灌木。
羽状复叶。圆锥花序顶生，花多，
较密集，黄白色。蓇葖果红色，其
果荚开裂后，果皮反卷，可见到粘
挂在鲜红内果皮上的黑色种子。

用途
野鸦椿果实颜色艳丽，挂果时
间长，是优良的观果树种。同时
是一种传统的药用植物，其根可
祛风除湿、清热解表；果可温中
理气、消肿止痛，对漆过敏疗效
甚好；花主治头痛眩晕。另外，
其茎皮、叶的提取液可作土农药，
能有效防治稻螟的危害。

分布
江南各省，西至云南东北部。
日本、朝鲜也有。

观赏地
珍稀濒危植物繁育中心、温室
群景区。

❀ 花期

| 1 | 2 | 3 | 4 | 5 | 6 | 7 | 8 | 9 | 10 | 11 | 12 | 月份 |

🍂 果期

| 1 | 2 | 3 | 4 | 5 | 6 | 7 | 8 | 9 | 10 | 11 | 12 | 月份 |

果实形似野鸦停栖于树梢，其
枝叶揉碎后又有类似臭椿的味
道，因而得名"野鸦椿"。成
熟后果荚裂开，黑色的种子粘
挂在鲜红色的内果皮上，尤如
满树红花上点缀着颗颗黑珍珠，
格外耀眼，同时也容易吸引鸟
类来取食。

Lagerstroemia indica L.

紫薇

痒痒树
百日红
满堂红

千屈菜科。落叶灌木或小乔木。圆锥花序着生于当年生枝端，花白、堇、红、紫等色；花瓣6，近圆形，边缘皱缩状，基部具长爪。雄蕊多数，生于萼筒基部。蒴果近球形，基部具宿存花萼。

用途
树姿优美，花色艳丽，全株整体花期可达120余天，又是抗各种有毒气体的抗污树种，适用于绿化和园林观赏。《本草纲目》中记载，其皮、木、花有活血通经、止痛、消肿、解毒作用。种子可制农药。

分布
华东、华中、华南及西南。原产亚洲，广泛栽培于热带、亚热带地区。

观赏地
木本花卉区、广州第一村、高山极地室外围。

最早记载紫薇的书是东晋时期王嘉所著的《拾遗记》，书中记载公元1600年前洛阳城内已经开始广泛种植紫薇了。在唐代，紫薇更是作为奇花异木广泛栽种于皇宫、官邸中。【唐】韩翃有诗云："职在内庭官阙下，厅前皆种紫薇花。"开元元年，中书省改曰紫微省，中书令曰紫微令，中书舍人曰紫微郎。白居易在担任中书舍人期间，就曾赋诗："丝纶阁下文章静，钟鼓楼中刻漏长。独坐黄昏谁是伴，紫薇花对紫薇郎。"

花期

| 1 | 2 | 3 | 4 | 5 | 6 | 7 | 8 | 9 | 10 | 11 | 12 | 月份 |

果期

| 1 | 2 | 3 | 4 | 5 | 6 | 7 | 8 | 9 | 10 | 11 | 12 | 月份 |

Ochna kirkii Oliv.

桂叶黄梅

米老鼠树

金莲木科。常绿灌木或小乔木。叶厚革质，叶缘疏锯齿状。花瓣5，黄色。结果时，雄蕊与萼片宿存，渐渐转为鲜红色，果实也由绿转乌黑，整个果序酷似米老鼠的头。

用途

花朵素雅，果实奇特，适合于庭院、公园种植欣赏。

分布

原产非洲南部。

观赏地

凤梨园。

❀ 花期

| 1 | 2 | 3 | 4 | 5 | 6 | 7 | 8 | 9 | 10 | 11 | 12 | 月份 |

🍓 果期

| 1 | 2 | 3 | 4 | 5 | 6 | 7 | 8 | 9 | 10 | 11 | 12 | 月份 |

因叶似桂叶，花黄色、形似梅花而得名。花瓣在授粉后快速飘落，而黄色的雄蕊和绿色的花萼不但不脱落，还逐渐转成亮丽的鲜红色，从外包围着乌黑的果实，造型极像米老鼠的卡通头像。香而美艳的花不但招蜂引蝶，连留鸟也爱吃其种子，成为良好的诱鸟植物。

Pennisetum setaceum 'Rubrum'

紫叶狼尾草

紫叶狗尾巴草
紫叶狗仔尾
喷泉草

禾本科。多年生草本。园艺栽
培变种，因花序似狼尾而得名。
株型优美整齐。叶片全年紫红
色，质感细腻，柔软，狭长。
穗状花序密生，紫红色，轻柔
飘逸，极富野趣。

用途
生性强健，观赏期长，宜在庭园、
池畔、坡地、林缘处点缀或列植;
花穗还是很好的切花材料。

分布
栽培品种。

观赏地
能源园。

❀ 花期

| 1 | 2 | 3 | 4 | 5 | 6 | 7 | 8 | 9 | 10 | 11 | 12 | 月份 |

🍂 果期

| 1 | 2 | 3 | 4 | 5 | 6 | 7 | 8 | 9 | 10 | 11 | 12 | 月份 |

其原生种羽绒狼尾草(*Pennisetum
setaceum*) 产非洲东北部和亚洲
西南部。原生种及其栽培品种
紫叶狼尾草已在北美洲加利福
利亚、夏威夷和墨西哥归化，
且在世界各地广泛栽培，在澳
大利亚则被认为是入侵种。

Canna glauca
L.

粉美人蕉
粉花美人蕉
粉叶美人蕉

美人蕉科。多年生草本。叶片披针形，绿色，被白粉，边绿白色，透明。总状花序，疏花；花粉色，无斑点；外轮退化雄蕊 3。蒴果长圆形。

用途
优良园林绿化和城市湿地水景布置材料。

分布
原产南美洲及西印度群岛。

观赏地
水生园、温室群景区。

❀ 花期

1	2	3	4	5	6	7	8	9	10	11	12	月份

具有很高的环境净化效果。是一种优良的园林绿化和城市湿地水景布置的材料。由它培育繁衍的水生美人蕉园艺品种，具有花色艳丽，花期长，耐水湿的优点，对有害重金属铅、汞、镉等有一定吸收能力，在人工湿地生态修复工程中具有非常好的应用前景。

Lythrum salicaria L.

千屈菜
对叶莲
败毒草

千屈菜科。多年生挺水草本植物，枝4棱，叶对生或轮生，披针形或宽披针形，全缘，无柄。长穗状花序顶生，多而小的花朵密生于叶状苞腋中，花玫瑰红或蓝紫色。

用途
多用于水边丛植和水池遍植。还可盆栽摆放庭院中观赏。全株入药，可以消热毒，收敛，破经通瘀；还有外伤止血的功能。

分布
我国南北各地均有野生，多生长在沼泽地、水旁湿地和河边、沟边。欧洲和亚洲暖温带也有。现各地广泛栽培。

千屈菜总是掺杂在其他植物丛中单株生长而非群生植物，故爱尔兰人将其取名为"湖畔迷路的孩子"，亦赋予千屈菜孤独的寓意。

观赏地
水生园、生物园。

❀ 花期

1	2	3	4	5	6	7	8	9	10	11	12	月份

Vriesea 'Favoriet'

美红剑

凤梨科。多年生草本，高
50 ~ 90cm。叶革质，深绿色，
具紫黑色横向带斑，类似虎纹。
穗状花序扁平；苞片艳红，覆
瓦状排成 2 列。整个花序似一
把拔鞘而出的宝剑。

用途
花、叶俱美，是优良的室内盆
栽观赏植物。

分布
栽培品种。

观赏地
热带雨林温室、凤梨园。

❀ 花期

| 1 | 2 | 3 | 4 | 5 | 6 | 7 | 8 | 9 | 10 | 11 | 12 | 月份 |

比利时于 1970 年代培育而成。
喜温热、湿润和阳光充足的环
境，生长适温为 16 ~ 27℃。土
壤以肥沃、疏松、透气和排水
良好的砂沙质壤土为宜。

Jatropha podagrica
Hook.

佛肚树

珊瑚油桐
玉树珊瑚

因花若珊瑚、茎如佛肚而得名。其种仁可榨油，可适用于各种柴油发动机，是一种有开发利用前景的能源植物。

大戟科。多肉、落叶小灌木。植株具有毒的白色乳汁。茎干中部膨大，呈卵圆状棒形，茎端二歧分叉。叶片3浅裂。聚伞花序顶生，多分枝，小枝红色。花橘红色，形似珊瑚。

用途
株型奇特，四季开花不断，易栽培，是优良的室内盆栽花卉。在南方温暖地区亦可室外栽培。

分布
原产中美洲西印度群岛等阳光充足的热带地区。

观赏地
沙漠植物室、生物园、药园。

❀ 花期

| 1 | 2 | 3 | 4 | 5 | 6 | 7 | 8 | 9 | 10 | 11 | 12 | 月份 |

Camellia azalea C. F. Wei

杜鹃红山茶

假大头茶
四季杜鹃茶
杜鹃茶

山茶科。常绿小乔木。叶厚革质，狭长倒卵形，叶色浓绿。花朵顶生或腋生；花单瓣，花瓣肉质较厚，长条状，鲜红色；花药金黄色。

用途
抗逆性较强，在长江以北的部分地区也能露天栽培，是一种很值得推广的园林绿化树种。

分布
广东阳春特有。

观赏地
山茶园、热带雨林温室。

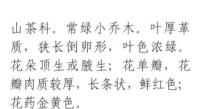

❀ 花期

| 1 | 2 | 3 | 4 | 5 | 6 | 7 | 8 | 9 | 10 | 11 | 12 | 月份 |

华南植物园科考人员于1986年在广东省阳春县鹅凰嶂发现。具有花期长、花色艳丽、叶形独特等优良特性，观赏价值极高。目前野外盗挖严重，数量急剧减少，是继金花茶之后又一个"植物界大熊猫"，是广东省特有的濒危种，被列为国家Ⅰ级保护植物。因叶片全缘，无锯齿，花形、密度与杜鹃花十分相似，因此得名。

Clerodendrum thomsonae Balf. f.

龙吐珠

珍珠宝塔
珍珠宝莲
麒麟吐珠

马鞭草科。多年生常绿藤本。茎四棱；叶对生。聚伞花序腋生；花萼白色、较大，花冠上部深红色，花开时红色的花冠从白色的萼片中伸出，形如游龙吐珠。

用途
盆栽观赏，点缀窗台和夏季小庭院。药用有清热解毒、散瘀消肿的功效。

分布
原产非洲热带地区。我国南方各地庭院广为栽培。

观赏地
热带雨林温室、能源园、药园、岭南郊野山花区。

❀ 花期

1	2	3	4	5	6	7	8	9	10	11	12	月份

本种是应在尼日利亚传教的苏格兰传教士、医生 William Cooper Thomson（1829–1878）的请求，为纪念其已故的第一任妻子而命名的。1790 年引种到英国，19 世纪中期以 "Beauty Bush"（美丽的灌木）之名而非常流行。到 19 世纪末期，马里改其名为 "珍珠宝塔"。20 世纪初，进入荷兰国际花市，但销量极少，华侨方福林根据顾客喜爱吉祥的心理，建议改名 "龙吐珠" 招徕顾客，建议得到采纳后，龙吐珠远销世界各地，龙吐珠之名流行全球。

Aristolochia gigantea Mart. & Zucc.

巨花马兜铃
鹈鹕花

马兜铃科。常绿木质藤本。叶卵状心形。花单朵腋生，基部膨大呈兜状，其上有一缢缩的颈部，顶部扩大如旗状，布满紫褐色斑点或条纹，长约40cm，宽约25cm。

用途
可用作垂直绿化材料。

分布
原产巴西。

观赏地
珍稀濒危植物繁育中心。

❀ 花期

1	2	3	4	5	6	7	8	9	10	11	12	月份

巨花马兜铃巨大的花朵仅由一片花瓣构成，花朵基部膨大的花囊，如同鹈鹕鸟嘴下面那个让人一眼就能认出的大皮囊，故人们又将之称为"鹈鹕花"。

Crinum × *amabile*
Donn

红花文殊兰

大蜘蛛兰

石蒜科。多年生常绿草本。株高可达 2m。叶大，带状。花葶自鳞茎中抽出，伞形花序有小花 20 余朵；花被裂片线形翻卷，红、白相间，外形酷似蜘蛛，具芳香。

用途

花大而美，叶形俊俏，园艺观赏价值高。鳞茎含多种生物碱，或有潜在的开发价值。

分布

原产印度尼西亚的苏门答腊。北京、广东、云南等地有栽培。

观赏地

木本花卉区、药园、热带雨林温室。

✿ 花期

| 1 | 2 | 3 | 4 | 5 | 6 | 7 | 8 | 9 | 10 | 11 | 12 | 月份 |

同属植物有 100 多种，最常见的是开白色花的文殊兰（*C. asiaticum* var. *sinicum*）。佛教中有"五树六花"之说，五树指菩提树、高榕、贝叶棕、槟榔、糖棕，六花指荷花、文殊兰、黄姜花、缅桂、鸡蛋花、地涌金莲。其中文殊兰是供奉之花，代表一种虔诚的理念。

Ipomoea Pescaprae
(L.) R. Br.

马鞍藤
厚藤
二裂牵牛
二叶红薯
马蹄草

旋花科。多年生蔓生草本。蔓茎平卧，节处生根。叶革质，先端凹裂，形似马鞍。小喇叭花紫红色、漏斗状，不分季节绽放，艳丽醒目。

用途
滨海地区理想的防风固沙植物，且具很好强的观赏性，故有"海滨花后"之美名。此外，以干燥的叶片入药，性味辛苦，可祛风除湿、拔毒消肿，对海蜇刺伤所引起的风疹、瘙痒有良好的解毒作用。

分布
浙江、福建、台湾、广东、广西、海南；海滨常见。

观赏地
温室群景区。

❀ 花期

| 1 | 2 | 3 | 4 | 5 | 6 | 7 | 8 | 9 | 10 | 11 | 12 | 月份 |

叶形似马鞍，故名"马鞍藤"。又因其叶表面厚革质，可减少水分的散失，故又名"厚藤"。喜光照，耐湿、耐旱、耐瘠薄和耐盐碱，生长迅速、附着力非常强，具有良好的固沙护坡功能，是滨海沿岸绿化的优良植物。一般用扦插繁殖，宜剪取半木质化枝条，扦插于沙或疏松、排水良好的土壤中，10天左右即可生根。

Leucophyllum frutescens (Berland.) I. M. Johnst.

红花玉芙蓉
晴雨表灌木

玄参科。灌木。茎皮灰白色。叶上下表面及叶柄密被银白色绒毛，边缘微卷曲。花冠呈铃铛形，紫红色，5裂，具不规则纵向裂纹。

用途
植株茂密，叶色独特，花色美艳，花期较长，是极佳的庭园美化树种。

分布
原产墨西哥至美国德克萨斯州。我国南方、香港及台湾有栽培。

观赏地
奇异植物室、高山极地室外围、沙漠植物室。

❀ 花期

| 1 | 2 | 3 | 4 | 5 | 6 | 7 | 8 | 9 | 10 | 11 | 12 | 月份 |

因其形似菊科的芙蓉菊且花色紫红而得名。美国有关于红花玉芙蓉的趣味说法：它不经常开花，然而一旦盛开，台风或暴雨随后就到，所以在美国它的俗名为晴雨表灌木（Barometer Bush）。

Ceropegia woodii Schltr.

吊金钱
心心相印
爱之蔓

萝摩科。多年生蔓生多肉草本。茎线形，节间长。叶肉质，心形或肾形，叶面暗绿，具白色条纹，其纹理似大理石。花粉红色或浅紫色，蕾期形似吊灯。

用途
多植于吊盆中，悬挂或置于几架上，是观叶、观花、观姿俱佳的花卉。

分布
原产南非加拿利岛。

观赏地
沙漠植物室。

❀ 花期

1	2	3	4	5	6	7	8	9	10	11	12	月份

其茎蔓细软下垂，姿态飘逸，状如心形的肉质叶片挂在茎上，叶面具白色条纹，颇似串在线上的古钱，远观似"绿钱"洒落，使人浮想联翩，故得一俗名"吊金钱"；近看心形叶两两相对，心心相印，柔情万千，颇有诗意，所以在台湾人们又称之为"爱之蔓"。

Stapelia grandiflora Mass.

大花犀角

豹皮花
海星花
臭肉花

夏季一般是大多数植物快速生长的季节。但当气温达到30℃以上时，大花犀角的生长却明显受阻，根系吸水能力也下降。这种现象称为"休眠"，是植物抵抗恶劣环境的一种自然手段。多数多肉植物原产地是一些冬暖夏凉或具明显干湿季节的变化的地方，引种到我国后，由于气候环境的差异，常停滞生长，通过消耗体内库存的养分以生存。此时如果浇水过多，容易出现烂根的现象。还有一些种类，在季节变换时生长缓慢，在通风和遮阴时候又出现少量的生长，这被称为"半休眠"。

萝藦科。多年生肉质草本。茎粗，4棱状，灰绿色，形如犀牛角。花大型，直径15～16cm，5裂开张，似海星，淡黄色，具暗紫红色横纹，边缘密生细长毛，具臭味。

用途
常见室内花卉。

分布
原产南非干旱的热带和亚热带地区，现世界各地常有栽培。

观赏地
沙漠植物室。

❀ 花期

| 1 | 2 | 3 | 4 | 5 | 6 | 7 | 8 | 9 | 10 | 11 | 12 | 月份 |

Pachystachys lutea
Nees

黄虾花
金苞花
珊瑚爵床
金包银

爵床科。多分枝的草本。叶对生，长椭圆形，叶脉明显。穗状花序紧密，稍弯垂；苞片黄色；花冠白色，在喉凸上有红色斑点，伸出苞片之外，冠檐深裂至中部；花朵好似黄虾，惟妙惟肖。

用途
盆栽或露地栽种观赏。

分布
原产墨西哥。在我国南部的庭园和花圃中极常见。

观赏地
热带雨林温室、药园、木本花卉区。

❀ 花期

| 1 | 2 | 3 | 4 | 5 | 6 | 7 | 8 | 9 | 10 | 11 | 12 | 月份 |

苞片紫褐色，或黄色，黄色者较为常见。黄色的顶生穗状花序，苞片层层叠叠，并伸出白色的小花，花形奇特，活泼似虾，因而得名"黄虾花"。自80年代引入后，因其花期长，观赏价值高，很快得到广大养花者的喜爱。

Thunbergia grandiflora Roxb.

大花老鸦嘴

大邓伯花
大花山牵牛
山牵牛

爵床科。粗壮木质大藤本。花繁密，朵朵成串下垂；花大，腋生；花冠喇叭状，5 裂成二唇形，初时蓝色，盛花浅蓝色，末花近白色。

用途
园林上适宜作大型棚架、中层建筑、篱垣的垂直绿化。全株均有药用价值，根皮可用于跌打损伤、骨折、经期腹痛、腰肌劳损、茎、叶可用于蛇咬伤，疮疖；叶还可以治胃痛。

分布
我国南部和西南部以及东南亚各国。

果实为蒴果，下部近球形，上部有长喙，裂开时似乌鸦嘴而得名。主要传粉者为木蜂，开花当天 8 至 13 点木蜂访花频率较高，随后逐渐减少，18 点后仅剩蚂蚁或毒蛾类幼虫长期栖息于花序上或花蕾内。

观赏地
苏铁园、药园。

❀ 花期

| 1 | 2 | 3 | 4 | 5 | 6 | 7 | 8 | 9 | 10 | 11 | 12 | 月份 |

Zingiber zerumbet
(L.) Roscoe ex Sm.

红球姜

万呎
风姜

姜科。丛生草本。球果状花序生于无叶花茎顶端；花苞片呈覆瓦状紧密排列，初时淡绿，后转为红色，远看似一团团火球；小花具细长花冠筒，檐部 3 裂，白色。

用途

可作庭院绿化、盆景等。药用，可活血祛瘀、行气止痛、温中止泻、消积导滞。

分布

广东、广西、云南等省区。亚洲热带地区广布。

观赏地

姜园、药园。

❀ 花期

| 1 | 2 | 3 | 4 | 5 | 6 | 7 | 8 | 9 | 10 | 11 | 12 | 月份 |

根茎外形酷似食用姜，初尝似姜，后转苦，可代姜调味用。7-8 月淡绿色球状花序上的苞片内开出多枚小花，到 9-10 月逐渐变成红色球果状，亭亭玉立，形似红蜡烛，又像火焰球，故名之。花序形状奇特，可作鲜切花，采收依插花需要可分为青球采收和红球采收。

Mandevilla sanderi
(Hemsl.) Woodson

红蝉花
红花文藤

开花期间，往往呈现花多于叶的盛况，阵阵扑鼻的清香使人心旷神怡，因此又有"飘香藤"的雅名。喜温暖，耐高温，一般采用扦插繁殖，春至秋季为宜。园艺栽培品种众多，包括粉色花、粉色花和白色花兼有和红花黄心的品种。

夹竹桃科。常绿藤本；茎具缠绕性，全株有白色汁液。叶对生，长心形，两面光滑。花漏斗形，花冠5裂，桃红色，花冠筒膨大，鲜黄色。

用途
花姿花色娇柔艳丽，适合盆栽或庭院丛植供观赏。

分布
原产巴西。

观赏地
温室群景区。

❀ 花期

1	2	3	4	5	6	7	8	9	10	11	12	月份

Ixora chinensis Lam.

龙船花

仙丹花
百日红
水绣球

茜草科。常绿小灌木。叶倒卵形至矩圆状披针形，新叶红色。聚伞花序顶生，花序具短梗，有红色分枝；花冠裂片4，花色以红色最为常见，还有白、黄、橙等色。

用途

株形美观，开花密集，花色丰富，终年有花可赏，适用于园林观赏。能清肝、活血、止痛、治高血压、月经不调、筋骨折伤、疮疡等。

分布

原产中国、缅甸和马来西亚。

观赏地

生物园、木本花卉区、药园、苏铁园、广州第一村、岭南郊野山花区。

❀ 花期

| 1 | 2 | 3 | 4 | 5 | 6 | 7 | 8 | 9 | 10 | 11 | 12 | 月份 |

因每年端午节时开花，故名"龙船花"。花期较长，颜色鲜红，故又被称为"百日红"。龙船花是缅甸国花，是缅甸依思特哈族人的婚俗文化植物。

Mahonia bealei (Fort.) Carr

阔叶十大功劳

土黄柏
八角羊
刺黄连
大老鼠黄

"十大功劳"原本是冬青科枸骨（*Ilex cornuta*）的俗名，因枸骨根、枝叶、果均可入药，治疗多种疾病而得名。后来，在晚清吴其所著的《植物名实图考》中，首次将"十大功劳"用在小檗科 Mahonia 属的植物上，也就是今天的十大功劳属植物。

🌸 花期
| 1 | 2 | 3 | 4 | 5 | 6 | 7 | 8 | 9 | 10 | 11 | 12 | 月份 |

🐝 果期
| 1 | 2 | 3 | 4 | 5 | 6 | 7 | 8 | 9 | 10 | 11 | 12 | 月份 |

小檗科。常绿灌木。叶厚革质，棱角分明，边缘有刺。金黄色穗状花序簇生枝顶。果蓝紫色。结果时枝顶部叶片常转为桔黄色，彩叶硕果五彩斑斓，鲜艳夺目。

用途
根、叶、花、果兼美，可做树桩盆景，或露地栽培作观果植物。全株入药，茎皮内含有小檗碱，可以提取黄连素，有消炎、抑菌作用。

分布
陕西、湖北、湖南、安徽、浙江、江西、福建、河南、四川等省。

观赏地
高山极地室、温室群景区稀树草坪、药园。

Buckinghamia celsissima F. Muell.

白金汉木

山龙眼科。乔木，高达 30m，栽培植株高 7 ~ 8m。幼叶浅裂；成年叶全缘，椭圆形，长 8 ~ 16cm，宽 3 ~ 7cm。总状花序长 20cm，花白色。蓇葖果木质。

用途
花序大而美丽，园林中多用于行道树。

分布
原产澳大利亚。我国广东有栽培。

观赏地
澳洲植物专类园。

❀ 花期

由澳大利亚籍德裔医生、地理学家兼植物学家 Ferdinand von Mueller（1825–1896 年）发表于 1868 年。属名 Buckinghamia 为纪念第三代白金汉公爵 Richard Grenville 而命名；种加词 celsissima 意为"非常高"，指其株型高大。喜光，喜高温、多湿的气候，不耐寒冷。

Dracaena cambodiana Pierre ex Gagnep.

海南龙血树
不老松

野生资源非常稀少，属国家III级保护濒危物种。中国人常用"福如东海长流水，寿比南山不老松"的对联为长辈祝寿，其中的"南山不老松"即指海南龙血树，因其树龄可长达8000年至10000年，是名副其实的"寿星"。别名"不老松"也是延年益寿、福运吉祥的象征。

龙舌兰科。常绿灌木，高3～4m，树皮灰褐色。叶聚生于茎、枝顶端，几乎互相套迭，剑形，抱茎，无柄。花每3～7朵簇生，绿白色或淡黄色。

用途
树形优美，生长缓慢，可用于园林观赏，也是美丽的室内植物。其茎干树皮割破后流出的暗红色树脂，俨如血液一样，俗称"龙血"，是提取名贵南药"血竭"的原材料，有补血、止血的功效，是治疗跌打损伤的特效药。

分布
海南崖县、乐东一带。越南、柬埔寨也有。

观赏地
热带雨林温室、木本花卉区、经济植物区。

❀ 花期

1	2	3	4	5	6	7	8	9	10	11	12	月份

Hibiscus elatus Sw.

高红槿

高黄槿
大叶槿

锦葵科。小乔木。叶大，革质，阔卵状近圆形，被柔毛。花单生叶腋或顶生；花冠钟形，橙红色或深红色，略显肉质；花瓣5枚，疏被细柔毛。果实绿色。

用途
树形高大，叶大花靓，适用于庭园观赏。木材软硬适中，可做橱柜、枪托等。

分布
原产古巴、牙买加。

观赏地
生物园、木本花卉区、热带雨林温室。

❀ 花期

1	2	3	4	5	6	7	8	9	10	11	12	月份

牙买加国树。1930年首次被引入国内，在厦门大学栽种。其叶长达 10 ~ 15cm，因此又被称为"大叶槿"。

Aristolochia debilis
Sieb. & Zucc.

马兜铃

独行根
青木香
一点气
天仙藤

马兜铃科。草质藤本。叶片卵状三角形，基部心形。花基部膨大呈球形，向上收狭成一长管，管口扩大成漏斗状，黄绿色，口部有紫斑，内面有腺体状毛。蒴果近球形，具6棱。

用途
药用，茎叶称"天仙藤"，有行气止痛、利尿之效。果称"马兜铃"，有清热降气、止咳平喘之效。根称"青木香"，有小毒，具健胃、理气止痛之效，并有降血压作用。

分布
长江流域各省区以及山东蒙山、河南伏牛山等地；广东、广西常有栽培。

观赏地
药园。

❀ 花期

1	2	3	4	5	6	7	8	9	10	11	12	月份

🐦 果期

1	2	3	4	5	6	7	8	9	10	11	12	月份

因其成熟果实如挂于马颈下的响铃而得名。马兜铃属植物含有马兜铃酸、马兜铃酮、马兜铃碱等成分，古代用于分娩镇痛和抗癌。2003—2009年台湾发生了引发中医与西医之争的"马兜铃酸事件"。该事件源于1992年比利时妇女服用从香港进口的减肥中药而发生肾衰竭，病因是其含有马兜铃酸。研究表明，马兜铃酸具有较强的肾毒性、致突变性和致癌性，临床发生的马兜铃酸毒性事件是滥用含马兜铃酸药物所致。中医认为，西医使用单方容易致病，而使用复方且用量适当则不易有副作用。

*Monochoria
korsakowii* Regel
& Maack

雨久花

水白菜
蓝鸟花

雨久花科。多年生挺水草本。
基生叶宽卵状心形，叶柄长，
有时膨大成囊状；茎生叶抱茎。
花蓝色；雄蕊 6，其中 1 枚花药
浅蓝色，其余均黄色。

用途
花美丽，用于园林水景布置。
全草可作家畜、家禽饲料。。

分布
东北、华北、华中、华东和华
南等地。生于池塘、湖沼近岸
的浅水处。

观赏地
水生园。

❀ 花期

| 1 | 2 | 3 | 4 | 5 | 6 | 7 | 8 | 9 | 10 | 11 | 12 | 月份 |

与凤眼莲同是雨久花科家族中的
一员，外形也有些相似，蓝色的
花朵美丽可爱。雨久花为多年生
挺水草本植物，自然条件下不易
扩散，可作为湿地和河边绿化的
优良观赏植物；而凤眼莲为自由
漂浮植物，繁殖能力特别强，一
旦侵入湖泊、河流、水道、水塘
等淡水水域会造成严重危害。

Lavandula angustifolia Mill.

薰衣草

唇形科。多年生草本。花有紫蓝色、蓝色、深紫、粉红、白色等不同的花色系列。全株略带木头甜味的清淡香气，轻碰藏在花、叶和茎上绒毛的油腺，即可破裂而释出香味。

用途
观赏香草，具有药用价值。因其叶形花色优美典雅，蓝紫色花序颖长秀丽，适宜花径丛植或条植，也可盆栽观赏。

分布
原产欧洲南部和地中海一带，大西洋北部加那利群岛、北非、亚洲西南部、阿拉伯半岛和印度也有。

观赏地
热带雨林温室。

❀ 花期

1	2	3	4	5	6	7	8	9	10	11	12	月份

罗马时代薰衣草已是相当普遍的香草，被称为"香草皇后"。也是世界重要香精原料，具有广泛的药用价值，被称为"穷人的草药"。还是良好的蜜源植物。古人用它调制有香味的洗澡水沐浴。人们赋予薰衣草等待爱情的寓意。

Costus speciosus
(Koen.) Sm.

闭鞘姜

广商陆
水蕉花
老妈妈拐棍

闭鞘姜科。多年生草本。茎杆
竹节状，叶螺旋状排列，叶鞘
抱茎。穗状花序顶生；苞片红色；
唇瓣宽喇叭形，纯白色；发育
雄蕊花瓣状，基部橙黄色

用途
主要用于鲜切花、干花和庭院
种植；茎干去叶鞘后露出节和
节间，非常靓丽。在印度还作
药用植物，根茎用于治疗发热、
皮疹、哮喘、支气管炎和肠道
疾病。

分布
台湾、广东、广西、云南等地。

观赏地
姜园、经济植物区、热带雨林
温室。

❀ 花期

| 1 | 2 | 3 | 4 | 5 | 6 | 7 | 8 | 9 | 10 | 11 | 12 | 月份 |

因叶鞘管状闭合而得名。根状茎
新鲜时有毒，过多食用引起头晕、
呕吐、剧烈腹泻等。为我国西南
部少数民族传统药用植物，如拉
祜药、壮药、瑶药、傣药等。

Hainania taichosperma Merr.

海南椴

中国特有植物，为国家 II 级保护植物。海南椴是一种特用纤维植物，其纯纤维素含量为44.85%，纤维拉力强，耐磨，耐水湿，是制造绳索类的优质原料。同时，耐干旱瘠薄，适应性强，是石灰岩地区荒山绿化的优良树种。

椴树科。灌木或小乔木，树皮灰白色。叶卵圆形，基出脉 5 ~ 7 条。圆锥花序顶生；花瓣 5 枚，黄或白色；雄蕊 20 ~ 30 枚，花丝基部连成 5 束。

用途
宜作园林风景树及绿化树。

分布
海南、广西等地。

观赏地
生物园、广州第一村、热带雨林温室。

✿ 花期

| 1 | 2 | 3 | 4 | 5 | 6 | 7 | 8 | 9 | 10 | 11 | 12 | 月份 |

Zephyranthes candida (Lindl.) Herb.

葱莲

玉帘
葱兰
白帘

石蒜科。多年生草本。鳞茎卵形，具有明显的颈部。叶狭线形，稍肉质，亮绿色。花茎中空；花单生于花茎顶端，白色，直径 3 ~ 4cm，喇叭状，花被片 6。

用途
我国南方可露地栽培作花坛花边、花带。北方作盆栽，可摆放庭院阳台观赏。

分布
原产南美。

观赏地
岭南郊野山花区。

❀ 花期

| 1 | 2 | 3 | 4 | 5 | 6 | 7 | 8 | 9 | 10 | 11 | 12 | 月份 |

外形与食用蔬菜荞头相似，区别在于葱莲的叶是实心，而荞头的叶则是空心的。葱莲含有生物碱，具有药用价值，但须慎食，不可当菜吃，否则会出现恶心、呕吐等中毒症状。

Ormosia pinnata (Lour.) Merr.

海南红豆

大萼红豆
鸭公青
食虫
万年青

蝶形花科。常绿乔木。一回奇数羽状复叶，小叶3（~4）对。花冠淡粉红色带黄白色或白色。荚果，果瓣厚木质，熟时橙红色；种子椭圆形；种皮红色。

用途
树冠浓绿美观，可作行道树。木材纹理通直，心材淡红棕色，边材淡黄棕色，材质稍软，易加工，不耐腐，可作一般家具、建筑用材。

分布
广东西南部、海南、广西南部。生于中海拔及低海拔的山谷、山坡、路旁森林中。越南、泰国也有。

观赏地
园林树木区、生物园、广州第一村、经济植物区、植物分类区、标本园。

❀ 花期

| 1 | 2 | 3 | 4 | 5 | 6 | 7 | 8 | 9 | 10 | 11 | 12 | 月份 |

🦋 果期

| 1 | 2 | 3 | 4 | 5 | 6 | 7 | 8 | 9 | 10 | 11 | 12 | 月份 |

"红豆生南国，春来发几枝，愿君多采撷，此物最相思。"其中"红豆"指的就是红豆树（*O. hosiei* Hemsl. et Wils.）的种子，常被串成项链、手链等首饰，作为表达爱情和友谊的纪念品。海南红豆的种子全红而没有黑点，亦是红豆的一种，也用于制作饰品；还有一种常用做手链的红色带黑点的"红豆"，那是相思子（*Abrus precatorius*）的种子，有剧毒。

257

Limnocharis flava
(L.) Buch.

黄花蔺

湖美花
黄花绒叶草
沼喜

花蔺科。水生植物。叶挺水生长，椭圆形，具弧形脉 10 ~ 12 条。伞形花序顶生；萼片 3 枚，绿色，宽椭圆形；花瓣 3 枚，浅黄色。

用途
叶绿花美，是水景绿化的优良材料，并具有净化污水的效果。

分布
亚洲和美洲热带地区。云南西双版纳也有少量分布。

观赏地
水生园、蕨园、温室群景区。

花期
| 1 | 2 | 3 | 4 | 5 | 6 | 7 | 8 | 9 | 10 | 11 | 12 | 月份 |

果期
| 1 | 2 | 3 | 4 | 5 | 6 | 7 | 8 | 9 | 10 | 11 | 12 | 月份 |

属名中的 Limno 是希腊语水塘、池沼的意思，指其生长环境，charis 意为"优雅的"，形容其花朵优雅迷人的气质；种加词 flava 意为"黄色的"，指它的花色。

Acmena acuminatissima (Blume) Merr. & L.M. Perry

肖蒲桃
荔枝母
火炭木

桃金娘科。常绿乔木。叶革质,卵状披针形或狭披针形,先端尾状渐尖,多油腺点,侧脉多而密。聚伞花序排成圆锥花序顶,花白色。浆果球形,成熟时黑紫色。

用途
果肉可食用,酸甜可口。树姿优雅,枝叶柔软下垂,冬、春季,枝头上硕果累累,十分壮观,具有较高的园林观赏价值,可作庭院树及风景树。

分布
产于海南、广东和广西等地。东南亚也有分布。

观赏地
景观生态园、能源园、第一村、园林树木区、热带雨林温室、澳洲园、经济植物区、杜鹃园。

🌸 花期

| 1 | 2 | 3 | 4 | 5 | 6 | 7 | 8 | 9 | 10 | 11 | 12 | 月份 |

🦋 果期

| 1 | 2 | 3 | 4 | 5 | 6 | 7 | 8 | 9 | 10 | 11 | 12 | 月份 |

台湾达悟族人常砍其树干或枝条作为工作房的支柱,或用作厚木地板的木材及晒飞鱼的架子。果实掉落到地面上很容易霉变,也很容易发芽。因此,在果实成熟时应适时采收果实,去掉果肉后及时育苗。

Belamcanda chinensis (L.) Redouté

射干

蝴蝶花
风翼
交剪草
野萱花

鸢尾科。多年生草本。根状茎粗大。叶剑形。花序顶生，叉状分枝，每分枝上有数朵花，花被片6枚，橙红色，具红色斑点。

用途
根茎入药，以肥壮、肉色黄、无毛须者为佳，有清热解毒、祛痰利咽、活血祛痰的功效。株形飘逸，花朵俏丽，园林上适合用做花径。

分布
原产东亚，我国分布于黄河以南各地，在北美一些地区已归化。

观赏地
岭南郊野山花区。

❀ 花期

| 1 | 2 | 3 | 4 | 5 | 6 | 7 | 8 | 9 | 10 | 11 | 12 | 月份 |

🦋 果期

| 1 | 2 | 3 | 4 | 5 | 6 | 7 | 8 | 9 | 10 | 11 | 12 | 月份 |

射干是传统的中草药，始载于《本经》，列为下品。赵春塘的《本草名考》："此物在夏秋之中抽茎，强硬而长，如射（yè）人执竿，因名射干"。《本草图经》云："六点茎梗疏长，正如射人长竿之状，得名由此尔；叶如剪口，故名较剪草；俗呼扁竹，谓其叶扁生而根如竹。"李时珍总结前人及当时应用的情况曰："射干即今扁竹也，今人所种多是紫花者，呼为紫蝴蝶，其花三四月开，六出大如萱花，结房大如姆指，颇似泡桐子。"

Cestrum purpureum (Lindl.) Standl.

紫瓶子花
夜紫香花
紫花夜香树

茄科。常绿直立或近攀缘状灌木。叶互生，卵状披针形，边缘波浪形。花紫红色，稠密，腋生或顶生，夜间极香；花冠瓶状。浆果羊角状。

用途
枝条细密，形态优美，花香有驱蚊的特效，适宜布置于庭院、亭畔、塘边、门廊及窗前，也可盆栽作室内装饰。

分布
原产墨西哥，我国南方各地普遍栽培。

观赏地
经济植物区、标本园。

❀ 花期

| 1 | 2 | 3 | 4 | 5 | 6 | 7 | 8 | 9 | 10 | 11 | 12 | 月份 |

🦋 果期

| 1 | 2 | 3 | 4 | 5 | 6 | 7 | 8 | 9 | 10 | 11 | 12 | 月份 |

因花冠紫色、形如瓶子而得名。在欧美，一年 365 天，每天都由一种特定的花来代表这一天，这样的花就叫做"诞生花"或"生日花"。7 月 5 日的诞生花就是夜紫香花，花语是"芬芳"。

Thryallis glauca Cav.

金英
黄花金虎尾

金虎尾科。灌木，分枝多且纤细。叶对生，膜质。花朵金黄色，娇小可爱；一大簇金灿灿的花排成总状花序生于枝顶，经久不凋。蒴果球形。

用途
园林观花植物。

分布
原产美洲热带地区。广东广州、云南西双版纳热带植物园有栽培。

观赏地
木兰园。

❀ **花期**

1	2	3	4	5	6	7	8	9	10	11	12	月份

"金英"原本是指黄色花。在中国，众多开黄花的植物都被称为"金英"。白居易诗"金英翠萼带春寒"中的"金英"说的是迎春花（*Jasminum nudiflorum*）；在古代，"金英"又常常作为菊花（*Chrysanthemum morifolium*）的别名；另有"水金英"，指一种开黄花的水生植物，即水罂粟（*Hydrocleys nymphoides*）。1950年的《广州植物志》，首次把"金英"用作这种金虎尾科的外来植物的中文名。

Terminalia myriocarpa Van Heurck & Müll. Arg.

千果榄仁

大马缨子花
千红花树

国家 II 级重点保护野生植物。材质优良，生长快，是一种值得发展的速生造林树种，适宜在我国西南部中低海拔山、丘陵，土壤较湿润的地区造林。种加词 myriocarpa 意为"万果的"，形容果实数量极多。

使君子科。常绿大乔木，具大板根。叶对生，叶柄顶端有一对腺体。大型圆锥花序，总轴密被黄色绒毛。花极小，极多数，两性，红色。瘦果细小，成熟时紫红色，有 3 翅，数量有些可达千粒之多。

用途
木材白色、坚硬，可作车船和建筑用材。

分布
广西龙津、云南中部至南部和西藏墨脱，为当地习见的上层树种。越南北部、泰国、老挝、缅甸北部、马来西亚、印度等也有。

观赏地
姜园、兰园、生物园、标本园、珍稀濒危园。

❀ 花期
| 1 | 2 | 3 | 4 | 5 | 6 | 7 | 8 | 9 | 10 | 11 | 12 | 月份 |

🍂 果期
| 1 | 2 | 3 | 4 | 5 | 6 | 7 | 8 | 9 | 10 | 11 | 12 | 月份 |

Sarcandra glabra
(Thunb.) Nakai

草珊瑚

满山香
观音茶
九节花
接骨木

金粟兰科。常绿半灌木。叶革质，边缘具粗锐锯齿。穗状花序顶生；花小，黄绿色。核果球形，熟时亮红色。

用途
盆栽供观赏。全株药用，有清热解毒、祛风活血、消肿止痛、抗菌消炎之功效。

分布
我国南方各省均有分布。

观赏地
药园、温室群景区。

❀ 花期

| 1 | 2 | 3 | 4 | 5 | 6 | 7 | 8 | 9 | 10 | 11 | 12 | 月份 |

🐓 果期

| 1 | 2 | 3 | 4 | 5 | 6 | 7 | 8 | 9 | 10 | 11 | 12 | 月份 |

草珊瑚的化学成分多样，药理作用广泛且毒性小。全草可入药，叶片有效成分含量高于根、茎。除了用于治疗各种炎症性疾病外，对多种恶性肿瘤如胰腺癌、胃癌、直肠癌等有显著效果。由草珊瑚制成的中成药有肿节风片、肿节风注射液、血康口服液、草珊瑚含片等。

Callerya reticulata
(Benth.) Schot

鸡血藤
昆明鸡血藤
网络崖豆藤

隶属于蝶形花科崖豆藤属。该属植物在世界上约200种，分布热带和亚热带的非洲、亚洲和大洋洲。我国有35种11变种，云南产24种，滇南、滇西南及滇西北地区资源最为丰富。该属植物兼具观赏和药用价值。

蝶形花科。藤本。圆锥花序倒垂悬挂；花冠蝶形，紫色、玫瑰红色或白色，具芳香。植株受伤后，会流淌出鲜红色血液一样的汁液，被称为"流血"植物。

用途
花色艳丽，在庭园中可做棚架庇荫。藤和根供药用，有散气、活血、舒筋、活络等功效；流出的血红的浆汁还能抑制癌细胞生长。

分布
江苏、安徽、浙江、江西、福建、台湾、湖北、湖南、广东、海南、广西、四川、贵州、云南。

观赏地
温室群景区。

❀ 花期
| 1 | 2 | 3 | 4 | 5 | 6 | 7 | 8 | 9 | 10 | 11 | 12 | 月份 |

Senna siamea (Lam.) H.S. Irwin & Barneby

266

铁刀木
黑心树
泰国山扁豆
孟买黑檀

苏木科。乔木。羽状复叶，小叶对生，顶端圆钝，常微凹，有短尖头。总状花序生于枝条顶端的叶腋，排成伞房花序状，花黄色。荚果扁平。

用途
花色鲜艳，花期长，极具观赏价值。木材坚硬致密，耐水湿，不受虫耗，为上等家具原料。老树材黑色，纹理甚美，可为乐器装饰。枝干易燃，火力旺，在云南大量栽培作薪炭林。

分布
云南。印度、缅甸、泰国有分布。南方各省区均有栽培。

观赏地
标本园、生物园、药园、杜鹃园、能源园、澳洲园。

❀ 花期

因其木材坚硬，刀斧难入，故名。铁刀木生长迅速，燃烧性能好，是一种优良的薪炭林树种。铁刀木与傣族人的生活有着十分密切的关系，西双版纳傣族人为保护热带森林资源，把速生耐砍伐的铁刀木作为薪炭林种植，甚至人丁出生、满月、婚嫁等都有在村旁种植铁刀木的习俗。

Lagerstroemia floribunda Jack

多花紫薇

又被称为"泰国紫薇"，是泰国 Saraburi 省的省树。枝条含有多种生物活性成分，具有药用价值。播种或扦插繁殖，宜在夏季至秋季，采用硬枝或半硬枝扦插。

千屈菜科。落叶乔木，高 12m。树皮灰色，光滑，常剥落，树冠开展。叶宽大，有光泽。大型圆锥花序顶生，花紫粉色，直径 3 ~ 4cm。

用途
花色艳丽，适于作庭园树、行道树。

分布
原产于缅甸、泰国南部及马来半岛。我国南方有栽培。

观赏地
景观生态园、标本园。

✿ 花期

| 1 | 2 | 3 | 4 | 5 | 6 | 7 | 8 | 9 | 10 | 11 | 12 | 月份 |

Lagerstroemia balansae Koehne

毛萼紫薇

大紫薇
皱叶紫薇

千屈菜科。灌木或小乔木。树皮浅黄色，间有绿褐色块状斑纹。花萼陀螺状钟形，无棱，外面全部密被黄褐色星状绒毛；花瓣6，淡紫红色，爪纤细。蒴果卵形，5～6瓣裂。

用途
花美丽，可作庭园绿化树种。木材纹理通直细致，适作上等家具、细工等用材。

分布
海南。老挝、泰国、越南。

观赏地
生物园、植物分类区。

❀ 花期

| 1 | 2 | 3 | 4 | 5 | 6 | 7 | 8 | 9 | 10 | 11 | 12 | 月份 |

属名 Lagerstroemia 是为纪念瑞典植物学家 Magnus Lagerstroem（1691–1759）而创立；种加词 balansae 指 19 世纪法国植物搜集者 Benedict Balansa。

Ceropegia trichantha Hemsl.

吊灯花

狭瓣吊灯花
三刺腊花

萝藦科。草质藤本。茎纤弱缠绕。叶对生，膜质，长圆状披针形。聚伞花序着花4~5朵；花紫色；花冠如吊灯状；副花冠2轮，外轮具10个齿，内轮具5个舌状片，具长硬毛。蓇葖果长披针形。

用途
叶花俱佳，是吊挂和垂直绿化的良好材料，适合庭院栽培或盆栽。全株药用，治癫癣。

分布
广东、海南、湖南等省区。泰国也有。

观赏地
经济植物区、沙漠植物室、热带雨林温室。

❀ 花期

| 1 | 2 | 3 | 4 | 5 | 6 | 7 | 8 | 9 | 10 | 11 | 12 | 月份 |

生长于海拔100~1000m溪旁、山谷疏林，尚未广泛引种栽培。其茎蔓纤弱缠绕，飘然欲下，风姿动人，令人陶醉。花奇特，紫色花冠筒状，基部略膨胀、中部稍狭、上部花冠裂片舌状，顶端弧形弯曲粘合，形如吊灯状；雄蕊与雌蕊粘合为合蕊柱，花丝合生为具蜜腺的筒，花药贴生于柱头基部膨大处。副花冠贴生于合蕊柱上。花迎风摇曳，美丽可爱。

Ceiba speciosa
(A.St. -Hil.)
Ravenna

美丽异木棉
美人树

木棉科。落叶大乔木。树干下部膨大，密生圆锥状皮刺。掌状复叶有小叶 5～9 片。花冠淡紫红色，中心白色；花瓣 5 枚，卵形，略反卷；花丝合生成雄蕊管。

用途
盛花期满树姹紫嫣红，是较为流行的庭院绿化树、行道树。

分布
原产南美洲。

观赏地
生物园、木本花卉区、标本园、澳洲园。

❀ 花期
| 1 | 2 | 3 | 4 | 5 | 6 | 7 | 8 | 9 | 10 | 11 | 12 | 月份 |

华南植物园于 1976 年从美国洛杉矶引种并扩大繁殖。目前美丽异木棉广植于广东、云南、海南、广西、福建等省区，成为我国南方一种美丽的庭园和行道绿化树木。

Hibiscus mutabilis L.

木芙蓉

芙蓉花
酒醉芙蓉
三醉芙蓉

木芙蓉花大色艳如荷花，故有"芙蓉"的美誉。《群芳谱》赞"此花清姿雅质，独殿众芳，秋江寂寞，不怨东风，可称俟命之君子矣"。"木芙蓉一日白，二日 红，三日黄，四日深红"，"晓妆如玉暮如霞，浓淡分秋染此花"即写花色一日多变的特性，致使整株树上花色缤纷，耀眼炫目。我国木芙蓉栽培历史悠久，五代十国时，后蜀主孟昶植芙蓉四十里上下，深秋时节成都城芙蓉怒放，玉蕊凝霞，烂漫如春，芳姿妩媚，如锦似绣，所以成都至今有"蓉城"的美称。唐代湘江两岸芙蓉花处处盛开，故此有"秋风万里芙蓉国"的诗句。

锦葵科。落叶灌木或小乔木，高 2～5m。花朵娇美硕大，朝开暮谢；因花内色素会随着温度和酸碱浓度的变化而变，花朵在清晨初开时是洁白的，午后转为粉红色，到傍晚花朵快闭合时，颜色呈深红色，故称"三醉芙蓉"。

用途
花大色丽，为我国久经栽培的园林观赏植物。花和叶入药，有消肿解毒、散瘀止血的功效。

分布
原产我国湖南，全国许多地方都有栽培。

观赏地
生物园、药园、木本花卉区。

❀ 花期

1	2	3	4	5	6	7	8	9	10	11	12	月份

Lycoris aurea
(L'Hér.) Herb.

黄花石蒜
忽地笑

石蒜科。多年生球根草本。叶
丛生，带形。花茎高约 60cm，
伞形花序具花 5 ~ 10 朵，花冠
橙黄色。果实为蒴果。

用途
作切花或用于园林观赏。鳞茎
药用，能润肺止咳、消肿解毒。

分布
福建、台湾、湖北、湖南、广东、
广西、四川、云南。

观赏地
凤梨园、生物园。

❀ 花期

| 1 | 2 | 3 | 4 | 5 | 6 | 7 | 8 | 9 | 10 | 11 | 12 | 月份 |

"蟹爪丝瓣竞缠绕，彩团绣球韵
独稀。终日缄口暗蓄势，秋来焕
涧笑满川。"正如诗中所言，初
春长出碧叶，初夏叶片凋零，初
秋花茎在忽然之间拔地而起，绽
放出金灿灿的花朵，就像少女脱
去旧衣换上锦绣新装一样，引来
满园春色，因此又名"忽地笑"、
"换锦花"。全株有毒，只可观
赏不可采摘。

Koelreuteria bipinnata Franch.

复羽叶栾树
国庆花

无患子科。乔木。二回羽状复叶，嫩叶红色。大型花序黄色。蒴果，果皮薄膜质，三角状卵形，成熟时橘红色或红褐色。种子圆球形，黑色有光泽。

用途
宜作庭荫树、风景树及行道树。木材可制家具。种子油供工业用。花、果均可药用，有消肿、清热解毒之功效。

分布
我国北部与中部，以华北较为常见。日本、朝鲜也有。

观赏地
木本花卉区、生物园、蕨园、能源园。

🌸 **花期**

| 1 | 2 | 3 | 4 | 5 | 6 | 7 | 8 | 9 | 10 | 11 | 12 | 月份 |

🐛 **果期**

| 1 | 2 | 3 | 4 | 5 | 6 | 7 | 8 | 9 | 10 | 11 | 12 | 月份 |

因在国庆期间盛开，故名国庆花。花开时节，花果同挂枝头，一串串黄色的小花，格外雅致。鲜红色膜质果皮膨大如小灯笼，成串挂在枝顶，比花朵更为耀眼，因这一团团的红果，复羽叶栾树又有"灯笼树"、"摇钱树"的形象别称。有较强的抗烟尘能力，是理想的城市绿化及观赏树种。

Hibiscus grewiifolius Hassk.

樟叶槿
樟叶木槿

锦葵科。小乔木。叶长圆形，全缘，基出脉 3 ~ 5 条。花冠硕大，金黄色，花心紫色。单朵花只开一天，全年不定时开花。硕果卵圆形。

用途
园林观赏。

分布
海南。越南、老挝、泰国、缅甸、印度尼西亚也有。

观赏地
珍稀濒危植物繁育中心、生物园。

❀ **花期**

| 1 | 2 | 3 | 4 | 5 | 6 | 7 | 8 | 9 | 10 | 11 | 12 | 月份 |

🍂 **果期**

| 1 | 2 | 3 | 4 | 5 | 6 | 7 | 8 | 9 | 10 | 11 | 12 | 月份 |

生于海拔 2000m 的山地森林中。花期集中在 9-10 月，单朵花花期仅一天，朝开夕落。叶大，长 8 ~ 20cm，易于与同属的其他植物区分。

Osmanthus fragrans Lour.

桂花
月桂
木犀

木犀科。常绿灌木或小乔木。
叶革质，椭圆形或长椭圆形，
边缘有锯齿。花簇生，芳香；
花冠4裂，有乳白、黄、橙红
等色。核果紫黑色，俗称"桂子"。

用途
桂花是我国十大传统花卉之一，
桂林市等20多个城市以桂花为
市花或市树。花可提取芳香油，
或加入食品中制作糕点、糖果
等。桂花入药，味辛，有化痰、
止咳、生津、止牙痛等功效。

分布
西南、华中、华南及华东等多地。
现已广泛栽培。

观赏地
木本花卉区、经济植物区、生
物园、杜鹃园、能源园。

花期

1	2	3	4	5	6	7	8	9	10	11	12	月份

果期

1	2	3	4	5	6	7	8	9	10	11	12	月份

汉晋后，人们编织了月宫吴刚伐
桂等美丽的传说，故亦称"月桂"，
而月亮则被称为"桂宫"。桂花
树是崇高、贞洁、荣誉和吉祥的
象征，凡仕途得志，飞黄腾达者
谓之"折桂"。【宋】李清照《鹧
鸪天·桂花》："暗淡轻黄体性柔，
情疏迹远只香留。何须浅碧轻红
色，自是花中第一流。梅定妒，
菊应羞，画栏开处冠中秋。骚人
可煞无情思，何事当年不见收。"
南宋杨万里《咏桂》："不是
人间种，移从月中来。广寒香
一点，吹得满山开。"

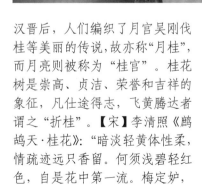

Arundo donax var. *versicolor* (Mill.) Stokes

花叶芦竹

变叶芦竹

禾本科。多年生草本，具发达的根状茎。秆粗大直立，具多数节。叶片扁平伸长，具白色纵长条纹。圆锥花序长10～40cm，形似毛帚。

用途

主要用作水景背景材料，点缀于桥、亭、水榭四周。

分布

产台湾。庭园常引种作观叶植物。

观赏地

第一村、水生园、热带雨林温室、能源园。

❀ 花期

| 1 | 2 | 3 | 4 | 5 | 6 | 7 | 8 | 9 | 10 | 11 | 12 | 月份 |

是芦竹的变种。1960年，中国科学院植物园首次从欧洲引种，现全国各地广泛栽培。其秆为制管乐器中的簧片，茎秆可造纸，嫩茎叶是良好的青饲料。

Tecoma stans (L.) Juss. ex Kunth

黄钟花
黄钟树
金钟花

花常数朵簇拥在一起形成圆锥花序，远看宛如镶嵌在绿叶丛中的黄绣球，分外显眼。其属名 Tecoma 源于墨西哥语 tecomaxochit，指黄钟花；种加词 stans 意思是直立的，指花朵直立向上。

紫葳科。灌木。奇数羽状复叶对生。花色纯黄，花冠漏斗状钟形，基部收缩呈细管，花冠裂片 5，开展，边缘波状。果实细长如豆荚，种子有翅。

用途
一年四季多次开花，为优良的观花灌木。

分布
原产美洲，广东广州及云南西双版纳有栽培。

观赏地
生物园、药园。

❀ 花期
| 1 | 2 | 3 | 4 | 5 | 6 | 7 | 8 | 9 | 10 | 11 | 12 | 月份 |

Senna surattensis (Burm. f.) H.S. Irwin & Barneby

黄槐
黄槐决明

苏木科。小乔木，高 5 ~ 7m。羽状复叶，小叶 7 ~ 9 对。花鲜黄至深黄色，雄蕊 10 枚。英果扁平，带状，开裂。全年开花结果。

用途
常作绿篱和庭园观赏植物。

分布
原产印度、斯里兰卡、印度尼西亚、菲律宾和澳大利亚、波利尼西亚等地，世界各地均有栽培。广西、广东、福建、台湾等省区有栽培。

观赏地
木本花卉区。

❀ 花期

| 1 | 2 | 3 | 4 | 5 | 6 | 7 | 8 | 9 | 10 | 11 | 12 | 月份 |

黄槐是黄粉蝶等的寄主。黄槐的英文名为 Scrambled Eggs Tree(炒蛋树)或 Sunshine Tree(阳光树)，都形象地表达其花朵满树开放的盛况和明艳。

Caesalpinia pulcherrima (L.) Sw.

洋金凤

金凤花
蛱蝶花
黄蝴蝶

为加勒比岛国巴巴多斯的国花。可能原产于西印度群岛，但由于普遍栽培，其确切的起源地未知。洋金凤单宁酸含量较高，但可水解单宁含量较低，可作为生产单宁酸资源，不作为生产没食子酸资源。

苏木科。常绿灌木。二回羽状复叶。总状花序顶生；花瓣具柄，黄色或橙红色，边缘呈波状皱折，有明显的爪，雄蕊长于花冠两倍。荚果近长条形，扁平。

用途
园林观赏。种子可榨油及药用，根、茎、果均可入药。

分布
热带地区广泛栽培，原产地不详，我国南方庭园常栽培。

观赏地
生物园、热带雨林温室。

❀ 花期

| 1 | 2 | 3 | 4 | 5 | 6 | 7 | 8 | 9 | 10 | 11 | 12 | 月份 |

Camellia crapnelliana Tutch.

红皮糙果茶
克氏茶

山茶科。小乔木。树皮红色。花大，白色。蒴果巨大，直径可达 10cm，球形，红褐色，果皮表面多糠秕，粗糙且十分坚硬，成熟时果皮裂开，露出 9 ~ 15 粒如栗子般的种子。

用途
种子含油丰富，产油率达 17%，是很有价值的观赏植物和油料植物。

分布
香港、广西（南部）、福建、江西及浙江（南部）。

观赏地
山茶园、经济植物区、能源园。

❀ 花期

| 1 | 2 | 3 | 4 | 5 | 6 | 7 | 8 | 9 | 10 | 11 | 12 | 月份 |

🍂 果期

| 1 | 2 | 3 | 4 | 5 | 6 | 7 | 8 | 9 | 10 | 11 | 12 | 月份 |

我国特有种。由于野生资源数量稀少，被列为国家 II 级保护植物。树皮红色，触摸后手上留下铁锈色的粉末；果实表面粗糙，故得名。喜生于低海拔，富含腐殖质的森林红壤上，亦生于湿润的沟谷地带。

Ficus drupacea
Thunb.

美丽枕果榕
枕果榕

为支撑其高大的树干和茂盛的树冠，枕果榕的根系尽量向土表四周延伸、扩张，形成地面根。而且这些地面根相互愈合成为网状，以固着植株又阻止其他植物对其领地的入侵。

桑科。乔木，无气生根。叶革质，表面绿色。榕果成对腋生，长椭圆状枕形，成熟时橙红至鲜红色，疏生白斑，顶部微呈脐状突起。雄花、瘿花、雌花同生于一榕果内。

用途
园林观赏树种，树冠高大，树形优美，榕果成熟时吸引大量鸟雀啄食，形成独特的岭南风景。

分布
广东广州、海南常见栽培或野生。

观赏地
龙洞琪林、大草坪、药园、棕榈园、经济植物区。

🌸 花期

1	2	3	4	5	6	7	8	9	10	11	12	月份

🦋 果期

1	2	3	4	5	6	7	8	9	10	11	12	月份

Malvaviscus arboreus var. *mexicanus* Schltdl.

垂花悬铃花
南美朱槿
灯笼扶桑

锦葵科。灌木。叶卵形至近圆形，全缘或浅裂。花枝下垂；花冠漏斗形，仅上部略微展开，鲜红色或粉红色；雄蕊柱伸出花冠外。

用途
枝繁叶茂，花朵艳丽，全年开花，主供园林观赏用。药用有拔毒消肿的功能。

分布
原产墨西哥至秘鲁及巴西，现广植于热带、亚热带地区。

观赏地
生物园、广州第一村、木本花卉区。

❀ 花期

1	2	3	4	5	6	7	8	9	10	11	12	月份

最有特色的是其花瓣不打开，故被称为"永不开放的花"。鲜红的花瓣螺旋包卷，只有细长的雄蕊和雌蕊突出花瓣外，犹如含羞少女紧裹红袍，故又名"大红袍"或"卷瓣朱槿"。雌蕊花柱顶部分裂成10个小分枝，柱头上面有黏液，起风时花粉被吹到柱头上，完成授粉过程。

Clerodendranthus spicatus (Thunb.) C. Y. Wu ex H.W. Li

猫须草
化石草
腰只草
肾草
肾茶

猫须草是傣族人民喜用的药草，称其为"雅糯渺"。常种植于房前屋后的园圃中，观赏及药用。如有患泌尿系统病或上呼吸道炎症，随手采来新鲜的猫须草，用开水冲服，既当茶喝，又可治病。傣族相信常饮此茶可永葆青春，又美其名曰"不老茶"。据"贝叶经"版傣医药典《档哈雅》记载，傣家人饮用其已有上千年历史，被历代医家和宫廷尊为"圣茶"。

唇形科。多年生草本。顶生总状花序；花白色，怒放时宛若少女穿着一抹素雅的白裙，于阳光下翩翩起舞。因雄蕊伸长，外露于花冠，酷似猫的胡须而得名。

用途
药用清凉消炎，可用于治疗急慢性肾炎、膀胱炎、尿路结石和风湿性关节炎。

分布
海南、广西南部、云南南部、台湾及福建。

观赏地
药园、澳洲园。

❀ 花期

1	2	3	4	5	6	7	8	9	10	11	12	月份

Crescentia alata
Kunth

叉叶木
十字架树

紫葳科。灌木或小乔木。叶形似十字架。老茎生花；花冠佛焰苞状，具紫褐色斑纹。果实淡绿色，向阳面常为紫红色，小西瓜大小。

用途
可用来布置公园、庭院、风景区和高级别墅区等地方，是值得推广种植的优良观果园林树种。

分布
原产南美热带地区，广东、云南等省有栽培。

观赏地
木本花卉区、经济植物区、植物分类区、温室群景区。

❀ 花期

| 1 | 2 | 3 | 4 | 5 | 6 | 7 | 8 | 9 | 10 | 11 | 12 | 月份 |

典型的"老茎生花"植物。在茂密的热带雨林中，叉叶木属于中下层树种，在老茎上开花结果可以方便昆虫代其传粉，还可以躲过狂风暴雨的袭击，有利于繁衍后代，此外其粗壮的树干也能承受果实和大量种子的重压。老茎开花、结果都是植物在进化中逐渐适应生活环境而形成的现象。

Ardisia crenata Sims

朱砂根

凉伞遮金珠
平地木
石青子

紫金牛科。灌木。叶纸质至革质，边缘有钝圆波状齿，背卷。伞形花序顶生或腋生；花白色或淡红色。核果圆球形，如豌豆大小，开始淡绿色，成熟时鲜红色，经久不落，甚美观。

用途
观果植物，还有白色和黄色果品种。根及全株入药，味苦性凉。有清热降火，消肿解毒、活血去瘀、祛痰止咳等功效。主治扁桃体炎、牙痛、跌打损伤、关节风痛、妇女白带、经痛诸病。

分布
广布于长江中下游地区、华南以及东亚、东南亚地区。

观赏地
药园、热带雨林温室。

✿ 花期

| 1 | 2 | 3 | 4 | 5 | 6 | 7 | 8 | 9 | 10 | 11 | 12 | 月份 |

🌰 果期

| 1 | 2 | 3 | 4 | 5 | 6 | 7 | 8 | 9 | 10 | 11 | 12 | 月份 |

是中医中广泛使用的药材之一。明代著名医学家李时珍曾描述道："朱砂根生深山中，苗高尺许，叶似冬青，叶背尽赤，夏日长茂，根大如筋，赤色，此与百两金仿佛。"

Ilex rotunda Thunb.

铁冬青

救必应
熊胆木
白银香
过山风

冬青科。乔木。叶薄革质。聚伞花序腋生；花小，黄白色，芳香。浆果核果状，椭圆形，有光泽，深红色。花后果由黄转红，秋后红果累累，十分可爱。

用途
优良观果植物，适合作行道树、庭园遮荫树，或做盆景。树皮含有鞣质，可制染料。

分布
长江以南各省区。朝鲜、日本也有。

观赏地
生物园、药园、广州第一村、岭南郊野山花区、热带雨林温室、名人植树区。

🌸 **花期**

| 1 | 2 | 3 | 4 | 5 | 6 | 7 | 8 | 9 | 10 | 11 | 12 | 月份 |

🍂 **果期**

| 1 | 2 | 3 | 4 | 5 | 6 | 7 | 8 | 9 | 10 | 11 | 12 | 月份 |

秋后果实变红，满树红色果实，甚是靓丽。其叶和树皮入药，有清热凉血、消炎止痛的功效，是凉茶配方中一种重要药材。在广西汉墓考古中发现，距今2000多年的汉代墓葬中常陪葬有铁冬青的树叶和种子。

Taxodium distichum (L.) Rich.

落羽杉

落羽松

杉科。高大落叶乔木。干基膨大，常有屈膝状的呼吸根。树皮长条片状脱落，枝水平开展。叶线形，扁平，基部扭曲排成2列呈羽状。秋冬季羽片变成暗红褐色，甚是美丽。

用途

木材材质轻软，纹理细致，易于加工，耐腐朽，可作建筑、电杆、船舶、家具等用材。在华南地区叶色四季变化明显，是优良的造林或庭园栽培树种。

分布

原产北美洲东南部。我国广州、杭州、上海、南京、武汉等地引种栽培。

观赏地

龙洞琪林、子遗植物区、木本花卉区、生物园。

🍁 变叶期

| 1 | 2 | 3 | 4 | 5 | 6 | 7 | 8 | 9 | 10 | 11 | 12 | 月份 |

3—4月叶初生，嫩绿色；夏天墨绿色，10—11月叶色变黄、变红，12月黄色，1月叶落尽。四季叶色变化明显，极美。龙洞琪林景区主景建于1959年，由棕榈半岛和子遗植物半岛构成，以棕榈科植物和落羽杉营造热带和亚热带景观对景。新岭南园林建筑特色的水榭和中国传统园林点景的文昌桥建于1966年。美轮美奂的"龙洞琪林"于1986年被评为广州市"羊城新八景"，著名文学家秦牧撰文《花城桂冠上的绿宝石》盛赞龙洞琪林。

Liquidambar formosana Hance

枫香

白胶香
百日材
三角枫

金缕梅科。落叶乔木。叶阔卵形，掌状 3 裂，揉之有香味。雄花短穗状花序，雌花头状花序。头状果序圆球形，果实为小蒴果；种子多角形或有窄翅。入秋树叶变红。

用途
我国南方著名红叶树之一，不但有材用、药用、园艺、提取香料等用途，还可培植食用菌。

分布
秦岭及淮河以南各省。

具有较强的耐火性和对有毒气体的抗性，可用于厂矿区绿化。但因不耐修剪，大树移植又较困难，故一般不宜用作行道树。果实药用，名"路路通"，为镇痛及通经利尿药；树脂能活血、解毒，又可代替"苏合香"作其祛痰剂。

观赏地
名人植树区、经济植物区、生物园、广州第一村、杜鹃园、能源园。

 果期

| 1 | 2 | 3 | 4 | 5 | 6 | 7 | 8 | 9 | 10 | 11 | 12 | 月份 |

花期

| 1 | 2 | 3 | 4 | 5 | 6 | 7 | 8 | 9 | 10 | 11 | 12 | 月份 |

变叶期

| 1 | 2 | 3 | 4 | 5 | 6 | 7 | 8 | 9 | 10 | 11 | 12 | 月份 |

Mussaenda hybrida 'Alicia'

粉叶金花

粉萼金花
粉纸扇

由红叶金花与同属的另一个种杂交培育而成。属阳生植物，耐热，耐旱，不耐阴，不耐水涝，不耐寒。广州地区冬季需做防寒措施。几乎不结果，以扦插繁殖为主，可在春季植株萌动前，剪取成熟木质化枝条，插入透水透气的基质如沙床或泥炭土中，约40天生根，当年可定植。

茜草科。半落叶灌木。叶对生，长椭圆形，尾锐尖。聚散花序顶生；小花金黄色，花瓣合生呈高杯状星形；萼片肥大，盛开时满株粉红色。

用途
适宜庭院栽种，盆栽。

分布
原产热带非洲、亚洲。

观赏地
热带雨林温室、温室群景区入口。

❀ 花期

1	2	3	4	5	6	7	8	9	10	11	12	月份

Clerodendrum splendens G. Don

艳赪桐
美丽赪桐
烈火赪桐

马鞭草科。常绿藤本。叶绿色
富有光泽，卵形至椭圆形，对生，
纸质。聚伞花序长可达13cm;
花冠、花萼红色，五角形，红
色丝状的雌雄蕊突出花冠外。
果实为核果。

用途
生性强健、耐修剪，可形成绿屏，
也是招蜂引蝶的蜜源花卉。

分布
原产西非。国内目前有少量栽培。

观赏地
温室群景区、岭南郊野山花区、
木本花卉区。

❀ 花期

| 1 | 2 | 3 | 4 | 5 | 6 | 7 | 8 | 9 | 10 | 11 | 12 | 月份 |

花多而大，花色艳丽，故有烈
火赪桐（*Flaming Glorybower*）
的美誉，曾获英皇家园艺协会
优质园林奖。因喜阳，故室内
栽种时光线充足方可开花不断，
花后稍作修剪将有利于第二年
开花。

Euphorbia milii Des Moul.

铁海棠

麒麟花
虎刺梅

泰国人认为如果自己所栽培的铁海棠开出的花数越多，带来的幸运就越多。人们赋予铁海棠自卫、忠诚、勇猛的寓意。研究表明，铁海棠、变叶木、夹竹桃等常见观赏植物含有致癌或具有促癌效应的物质，并建议不在室内摆放。植物的有毒成分多存在于植物体内的汁液里，日常养护中不要随意摘取以免有毒物质释放，或接触后要仔细清洗接触部位，千万不能随意采食。

大戟科。肉质多浆植物。茎黑褐色，密生锐刺。小叶单生，无柄。花小，苞片肾状而红艳，两两对生。植株一旦受伤就会流出白色、有毒的乳汁，因此又被戏称为"恶魔的手掌"。

用途
植株生长缓慢，枝条柔韧性好，常被扎成各种形态的盆景和造型，或围成绿篱。

分布
原产马达加斯加岛。广东、广西、云南等省可露地栽培。

观赏地
沙漠植物室、药园。

❀ 花期

| 1 | 2 | 3 | 4 | 5 | 6 | 7 | 8 | 9 | 10 | 11 | 12 | 月份 |

Camellia amplexicaulis (Pit.) Cohen-Stuart

越南抱茎茶

抱茎连蕊茶

山茶科。常绿小乔木。叶狭长，浓绿色，基部心形，与茎紧紧相抱生长，故而得名。花蕾由叶腋与干茎之间冒出，花色鲜红，与狭长直立的叶片相映成趣。

用途
用于园林观赏，也可作为鲜切花材料使用。

分布
原产越南。

观赏地
山茶园。

❀ 花期

| 1 | 2 | 3 | 4 | 5 | 6 | 7 | 8 | 9 | 10 | 11 | 12 | 月份 |

其越南名为"花海棠"，台湾人亦谓之"海棠"。花期长，每年过年期间开第一次花，夏末秋初开第二次花。其种加词amplexicaulis意思是指叶片基部耳状突起抱握茎干。

Clerodendrum wallichii Merr.

垂茉莉
垂枝茉莉
黑叶龙吐珠

马鞭草科。常绿灌木。小枝四棱形或呈翅状。叶对生，披针形。聚伞花序排列成圆锥状，下垂。花冠白色，芳香，下垂，花丝细长，开花后旋卷。核果球形。

用途
花白色芳香，花序下垂，柔美素雅，适合庭院种植或大型盆栽。木材硬而质量好。

分布
我国云南、广西、西藏。尼泊尔、印度、缅甸、孟加拉国、越南等地也有。

观赏地
热带雨林温室、生物园。

❀ 花期

| 1 | 2 | 3 | 4 | 5 | 6 | 7 | 8 | 9 | 10 | 11 | 12 | 月份 |

喜温暖湿润的环境。花、果均具观赏价值。花瓣白色，雄蕊及花柱伸出花冠，花朵形似白蝶。花萼在果期增大增厚，由鲜红色转为紫红色。果实小巧玲珑，核果成熟后光亮紫黑色，倒挂，故有"黑叶龙吐珠"之称。

Bauhinia blakeana Dunn

红花羊蹄甲
洋紫荆

苏木科。常绿乔木。叶近圆形或阔心形，顶端裂为两半，形似羊蹄形。花大色艳，花瓣红紫色，近轴的1片中间至基部呈深紫红色，能育雄蕊5枚，花形似蝴蝶，芳香。通常不结果。

用途
花美叶奇，是华南地区优良的景观树种。木材坚硬，适用于精木工，花芽、嫩叶、幼果可食。树皮还有药用价值，为烫伤、脓疮洗涤剂，但地下根皮有剧毒。

分布
原产香港。广东、云南有栽培。现热带地区广泛栽培。

观赏地
植物分类区、木本花卉区、蒲岗自然保护区、广州第一村、岭南郊野山花区。

🌸 花期

1	2	3	4	5	6	7	8	9	10	11	12	月份

喜光，喜温暖至高温湿润的气候环境，耐干旱和瘠薄，不耐寒，在排水良好的酸性沙壤土生长良好。花期长，开花期间红花满树，姹紫嫣红。1965年被选为香港市花，又名"洋紫荆"。

Musella lasiocarpa
(Fr.) C. Y. Wu ex H. W. Li

地涌金莲

旱莲花
宝兰花
千瓣莲花

地涌金莲先花后叶，开花时从地下冒出悄然绽放，花形如莲，花色金黄，故有"地涌金莲"之名。

芭蕉科。多年生草本。花序直立，生于短矮假茎上，密集成球穗状；宿存苞片金黄色，六枚一轮，形如花瓣，由下而上逐渐展开，宛如常开不败的莲花

用途
是我国特有的珍奇花卉，为佛教"五树六花"之一；傣族人把它当作驱恶避邪的吉祥物，几乎家家种植。茎汁可解酒醉及草乌中毒，假茎作猪饲料；花入药可收敛止血。

分布
云南、贵州、四川。

观赏地
姜园、生物园、热带雨林温室。

❀ 花期

| 1 | 2 | 3 | 4 | 5 | 6 | 7 | 8 | 9 | 10 | 11 | 12 | 月份 |

Gomphocarpus fruticosus (L.) W.T. Aiton

气球果

河豚果
钉头果
风船唐棉

萝藦科。亚灌木。叶片线形，形似柳叶。花白色至淡黄色。果黄绿色，卵圆形，圆鼓鼓的，很像气球，果内除种子外，中空无果肉，用手轻轻一捏即扁，稍后又复原。

用途
果实奇特，观赏价值高，可露地栽培点缀庭院；其切枝是插花的好材料。

分布
原产非洲热带，华南地区有种植。

观赏地
温室群景区。

❀ 花期

| 1 | 2 | 3 | 4 | 5 | 6 | 7 | 8 | 9 | 10 | 11 | 12 | 月份 |

🦋 果期

| 1 | 2 | 3 | 4 | 5 | 6 | 7 | 8 | 9 | 10 | 11 | 12 | 月份 |

充气的果实很像生气的河豚而得名"河豚果"；气球果表面有粗毛，似用钉子锤入，也叫"钉头果"。果实成熟后能自行爆裂，种子上部附生银白色绒毛，形似降落伞，随风飘到各处播种，故又名"风船唐棉"。

Senna alata (L.) Roxb.

翅荚决明

有翅决明
对叶豆
蜡烛花

因其荚果有翅，故称翅荚决明。它是一些蝴蝶幼虫的食物，在它的叶子基部存在蜜腺，可以产生蜜汁吸引蚂蚁，以此来驱逐植株身上的毛虫，保护自己。

苏木科。直立灌木。羽状复叶较大。花序金黄色，火炬状。荚果长带状，每果瓣的中央顶部有直贯至基部的纸质翅。

用途
除观赏外，本种还常被用作缓泻剂，种子有驱蛔虫之效。

分布
广东、云南（南部）有栽培。原产美洲热带地区，现广泛栽培于全世界热带地区。

观赏地
广州第一村、能源园、生物园。

花期

| 1 | 2 | 3 | 4 | 5 | 6 | 7 | 8 | 9 | 10 | 11 | 12 | 月份 |

果期

| 1 | 2 | 3 | 4 | 5 | 6 | 7 | 8 | 9 | 10 | 11 | 12 | 月份 |

Ravenala madagascariensis Sonn.

旅人蕉

水树
沙漠甘泉
救命之树

旅人蕉科。树干象棕榈，高5～6m。叶2行排列于茎顶，像一把大折扇，叶片长圆形，似蕉叶，长达2m，宽达65cm。蝎尾状聚伞花序。

用途
园庭绿化树种。

分布
原产非洲马达加斯加。广东、香港、台湾有栽培。

观赏地
姜园、广州第一村、经济植物区、热带雨林温室、奇异植物室。

❀ 花期

1	2	3	4	5	6	7	8	9	10	11	12	月份

其模式标本采自非洲马达加斯加，是马达加斯加的国树，种加词madagascariensis的意思为"马达加斯加的"。由于叶鞘基部粗壮，里面有许多中空的小孔，能贮存大量液体，其液体亦可饮用，可为旅途中人在缺水的情况下提供解渴的水源，故而得名。

Tigridiopalma magnifica C. Chen

虎颜花

大莲蓬
熊掌

1970 年代中国科学院科研人员在阳春鹅凰嶂进行植被考察时，首次发现虎颜花，引起了全球植物界的关注。随后虎颜花被列为我国 I 级濒危保护植物，列入《中国植物红皮书》。根据国际自然保护联盟 1994 年濒危物种新等级系统，虎颜花为极危种，具有重要的科研价值。华南植物园已成功实现虎颜花的人工繁殖并进行了野外回归。

野牡丹科。多年生草本。叶基生，膜质，心形，长宽 20～30cm 或更大，叶背被红色绒毛。蝎尾状聚伞花序腋生，花瓣 5，暗红色。蒴果漏斗状杯形。

用途
叶形美丽，花朵娇小玲珑，鲜艳欲滴，赏心悦目，是罕见的野生观赏植物。

分布
广东特有。

观赏地
热带雨林温室、奇异植物室。

❀ 花期

| 1 | 2 | 3 | 4 | 5 | 6 | 7 | 8 | 9 | 10 | 11 | 12 | 月份 |

Aristolochia gibertii Hook.

烟斗马兜铃
荷兰人的烟斗

马兜铃科。常绿蔓性藤本。叶片卵状心形。花被筒基部膨大，中部细，上部张开成喇叭形，黄绿色，花朵自下而上呈"S"形弯曲。蒴果长筒状，背脊6条，形似小杨桃。

用途
叶、花、果均具观赏价值，可作花廊装饰、花坛布置材料，亦作庭院垂直绿化。巴西传统医学上用于堕胎、健胃、平喘和祛痰，最近用于减肥治疗。

分布
原产南美洲阿根廷、巴拉圭和巴西。

观赏地
奇异植物室。

❀ 花期

1	2	3	4	5	6	7	8	9	10	11	12	月份

烟斗马兜铃花瓣淡绿色或黄绿色，密布紫红色斑点，像雕有花纹的精致小烟斗。因用烟斗吸烟常给人以成熟内敛、深沉睿智的印象，故有人把"烟斗马兜铃"称为"思想者的花"。

Doryanthes excelsa
Corrêa

悉尼火百合
高大矛花

矛花科。多年生高大草本。叶
基生，披针形，长约1.5m，全缘，
叶色亮绿。花葶高可达5m，球
状花序顶生，花色深红；远远
望去，犹如高高举起的火炬。

用途
园林观赏。

分布
原产澳大利亚新兰威尔士洲，
通常生长在悉尼周围的砂岩
地区。

观赏地
澳洲园。

❀ 花期

| 1 | 2 | 3 | 4 | 5 | 6 | 7 | 8 | 9 | 10 | 11 | 12 | 月份 |

属名 Doryanthes 源于希腊语，
是矛花的意思；excelsa 源于拉
丁语，是高大之意。悉尼火百
合又称为"吉米百合花"，源
于澳大利亚 Eora 土著人方言。
吉米是悉尼的郊区。

Thunbergia mysorensis (Wight) T. Anderson

跳舞女郎
黄花老鸦嘴

爵床科。常绿藤本。总状花序悬垂；花萼2片；花冠内侧鲜黄，外缘紫红色，连接成裙状，裂片反卷，尖锄状的花冠宛如张大待食的鸦嘴，惟妙惟肖。

用途
优良的观花藤蔓植物，宜于做大型棚架、绿廊、绿亭、露天餐厅等的顶面绿化和墙垣、假山、阳台等处的垂直绿化。

分布
原产印度南部。

观赏地
热带雨林温室。

❀ 花期

| 1 | 2 | 3 | 4 | 5 | 6 | 7 | 8 | 9 | 10 | 11 | 12 | 月份 |

跳舞女郎花形奇特优雅，盛花时如众女起舞，又如群鸦待食，蔚为壮观。缘于其花朵的形状和大小，也被称为"舞者之鞋"。其花蜜能吸引体型较小的太阳鸟和蜂鸟传粉。曾获英国皇家园艺学会（RHS）优异奖。

Xanthostemon chrysanthus (F. Muell.) Benth.

金蒲桃

黄金熊猫

金蒲桃的属名和种名源于希腊语，属名中 xanthos 为黄色，stemon 为雄蕊，即雄蕊黄色；种名中 chrysos 为黄金，anthos 为花朵，即金黄色花朵。其木材硬，澳大利亚土著人用作剑、矛和挖掘工具。原产澳大利亚东北部沿海雨林，为澳大利亚昆士兰省凯恩斯（Cairns）市花。

桃金娘科。乔木。叶揉碎后有番石榴气味，新叶带有红色。花瓣退化，雌雄蕊长伸，初开时色彩黄绿，后转为黄色，近凋谢时为金黄色，丝丝放射，格外别致。

用途
株形挺拔，叶色亮丽，花金黄色，花期长，是优良的园林绿化树种。

分布
原产澳大利亚。福建、广东等地有栽培。

观赏地
温室群景区、水生植物园、澳洲园。

❀ 花期

| 1 | 2 | 3 | 4 | 5 | 6 | 7 | 8 | 9 | 10 | 11 | 12 | 月份 |

Adenium obesum
(Forssk.) Koem. & Schult.

沙漠玫瑰
天宝花

夹竹桃科。灌木。植株矮小，树干和根部膨大，呈肥厚肉质。叶簇生枝顶，倒卵形。总状花序顶生；花冠呈喇叭状，5瓣，花色桃红、深红、粉红、白色或复色。种子有白柔毛。

用途
树形古朴苍劲，优雅飘逸，叶色翠绿，花朵艳丽，是室内盆栽观赏之佳品。

分布
原产非洲肯尼亚沙漠地带。

观赏地
沙漠植物室。

❀ 花期

| 1 | 2 | 3 | 4 | 5 | 6 | 7 | 8 | 9 | 10 | 11 | 12 | 月份 |

因茎干肉质、富含浆汁，且形状奇特、花大色艳而成为著名的多浆植物之一，深受人们喜爱。因其原产于非洲荒漠，且花与玫瑰形色皆似，故名"沙漠玫瑰"。

Tibouchina semidecandra
(Mart. & Schrank ex DC.) Cogn.

巴西野牡丹

紫花野牡丹
艳紫野牡丹

喜温暖湿润环境，极耐旱，宜种植于阳光充足的地方。其花瓣深紫色，被誉为"皇家花色"，有公主花（Princess flower）的美称；又因花多而密，花期长，也被称为"荣耀灌木（Glory bush）"。

野牡丹科。灌木。叶表面光滑，背面被细柔毛，3～5出分脉。花大，顶生，5瓣，刚开的花深紫色，开花一段时间后则呈紫红色；中心的雄蕊白色且上曲，小巧别致。蒴果坛状球形。

用途
植株清秀，花期长，花朵艳丽，耐旱耐寒，耐修剪，适于盆栽或花坛混植，可用于庭园、绿地的美化。

分布
原产巴西低海拔山区及平地。

观赏地
岭南郊野山花区、木本花卉区、奇异植物室、热带雨林温室。

❀ 花期

1	2	3	4	5	6	7	8	9	10	11	12	月份

Brunfelsia pauciflora(Cham. & Schltdl.) Benth.

大花鸳鸯茉莉

大花番茉莉
大鸳鸯茉莉

茄科。常绿灌木。叶较大，互生，长披针形，叶缘略波皱。花单生或 2 ~ 3 朵簇生于枝顶，直径可达 5cm，花冠高脚碟状花，初开时蓝色，后转为白色，芳香。果绿色，卵球形。

用途
适用于园林观赏。

分布
原产巴西及西印度群岛。我国南方有栽培。

观赏地
木本花卉区、经济植物区、棕榈园、药园、生物园、杜鹃园、温室群景区。

❀ 花期

花朵从破蕾到盛开之初颜色为深蓝色，但两三天之后在光照、温度等多种因素的影响下，花冠原来的深紫色色素便逐步消失，最后变得纯白。由于在同一植株上开花先后不一，先开者已变白，后开者仍为深紫，双色花像鸳鸯一样齐放枝头。其花的直径较鸳鸯茉莉为大，故名"大花鸳鸯茉莉"。一年能开二次花，第一次在早春，花多而香；第二次在金秋十月，花较少。

Jasminum sambac (L.) Ait.

茉莉花

茉莉
木梨花
三白
玉麝

芳香清雅，浓郁持久，深受人们喜爱，有"天下第一香"的美誉。是菲律宾、突尼斯、印度尼西亚的国花。人们赋予茉莉花象征爱情和友谊的寓意。我国茉莉花的文化历史悠久，历代古诗句颇丰，【宋】王庭圭有《茉莉三绝句》，郑域吟"仿佛吾乡茉莉花"，方回曰"茉莉花阑木犀发"，吴徹颂"著人茉莉花如雪"；【元】顾瑛"笑买新妆茉莉花"，【明】居节"茉莉花开香暗浮"。中国民歌《茉莉花》在明清时期就广为人知，传唱大江南北；19世纪初叶远播欧洲，陆续被改编为歌剧等不同的艺术形式，成为家喻户晓的中国文化符号。

木犀科。常绿小灌木。叶对生，纸质。花单瓣或重瓣，极芳香；花冠白色。果球形，紫黑色。

用途
花极香，为著名的花茶原料及重要的香精原料。花、叶药用治目赤肿痛，并有止咳化痰之效。

分布
原产印度及伊朗南部。世界各地广泛栽培。

观赏地
经济植物区、药园、生物园、山茶园。

❀ 花期

| 1 | 2 | 3 | 4 | 5 | 6 | 7 | 8 | 9 | 10 | 11 | 12 | 月份 |

Campsis radicans
(L.) Seem.

美国凌霄
厚萼凌霄
美国紫葳

紫葳科。落叶藤本,具气生根。一回奇数羽状复叶,对生。圆锥花序顶生;花冠筒细长,漏斗状,冠檐5裂,橙红色。

用途
观赏藤本植物。花可代凌霄花入药,功效与凌霄花类同。

分布
原产美洲。广西、江苏、浙江、湖南栽培作庭园观赏植物。

观赏地
西门郊野山花区、广州第一村。

❀ 花期

| 1 | 2 | 3 | 4 | 5 | 6 | 7 | 8 | 9 | 10 | 11 | 12 | 月份 |

美国凌霄因其花萼厚实,故又名"厚萼凌霄"。凌霄,凌云九霄之意,象征着节节攀登,志在云霄的气概。我国凌霄花的栽培历史早,被誉为我国第一部词典的《尔雅》就有凌霄花的记载。【唐】白居易《有木诗》曰:"偶遇一株树,遂抽百尺条,托根附树身,开花寄树梢"。寿栎堂前小山峰凌霄花盛开,葱倩如画,【宋】范大成赋七绝吟:"天风摇曳宝花垂,花下仙人住翠微,一夜新枝香焙暖,旋熏金缕绿罗衣。山容花意各翔空,题作凌霄第一峰,门外轮蹄尘扑地,呼来借与一枝筇。"《本草纲目》云:"附木而上,高达数丈,故曰凌霄"。

Tabebuia rosea
(Bertol.) A. DC.

紫绣球

淡红风铃木
红花黄钟木
蔷薇风铃花

华南植物园于 1970 年代从美国和澳大利亚等地引入紫绣球、黄钟花（*T. chrysantha*）、毛黄钟花（*T. chrysotricha*）等植物，现生长良好。紫绣球是极具推广价值的观赏树种，可在我国热带、亚热带地区广泛种植。但由于华南地区积温不够等原因，其结实率比新加坡等东南亚地区少，结实量有大小年之分。

紫葳科。乔木。掌状复叶对生。伞房花序顶生，花大而多，花冠初时紫红色，漏斗状，被短绒毛；衰老时变成粉红色至近白色。

用途
花色和树形优美，为优良园林观赏树种。在中美洲等原产地的部分地区亦为重要的家具用材树种。

分布
原产墨西哥、古巴等中美洲国家。热带地区广泛种植。

观赏地
木本花卉区、广州第一村、热带雨林温室。

❀ 花期

| 1 | 2 | 3 | 4 | 5 | 6 | 7 | 8 | 9 | 10 | 11 | 12 | 月份 |

Acalypha pendula
C. Wright ex Griseb.

红尾铁苋
猫尾红

大戟科。常绿小灌木，高 15 ~ 25 cm。叶卵形，边缘具细锯齿。葇荑花序顶生；雌花短穗状，具柔毛，鲜红色，有光泽。

用途
红色短穗状的葇荑花序形似尾巴，甚为奇特，适合布置花坛、作地被植物或盆栽。

分布
原产西印度群岛。我国南方有栽培。

观赏地
棕榈园。

❀ 花期

| 1 | 2 | 3 | 4 | 5 | 6 | 7 | 8 | 9 | 10 | 11 | 12 | 月份 |

一年四季都可开花。因其鲜红色、毛绒绒的雌穗状花序像是猫之尾巴，美丽动人，故名"猫尾红"，商家也称之为"岁岁（穗穗）红"，取其"岁岁红火"之意。

Canna indica L.

美人蕉

红艳蕉
兰蕉
昙华

美人蕉科。多年生草本。植株全部绿色，高可达1.5m。叶片卵状长圆形。总状花序，疏花；花较小，花冠、退化雄蕊均鲜红色。蒴果绿色，长卵形，有软刺。

用途
华南地区一年多次开花，可用于园林观赏。根茎供药用，有清热利湿，舒筋活络之功效。茎叶纤维可制人造棉、织麻袋、搓绳。

分布
原产热带美洲。华南地区常见栽培。

观赏地
姜园、水生植物园、广州第一村、药园、热带雨林温室。

花期

| 1 | 2 | 3 | 4 | 5 | 6 | 7 | 8 | 9 | 10 | 11 | 12 | 月份 |

果期

| 1 | 2 | 3 | 4 | 5 | 6 | 7 | 8 | 9 | 10 | 11 | 12 | 月份 |

具有很强的环境净化效果，可用于工业废水的人工湿地处理，可有效地从造纸厂废水中去除颜色和氯化有机化合物。在人工湿地生态修复工程中具有非常好的应用前景。

Ruellia simplex C. Wright

蓝花草

翠芦莉
芦莉草

爵床科。多年生草本。茎略四方，红褐色。叶对生，线状披针形。花大，顶生；花冠蓝紫色，亦有粉色或白色品种。蒴果褐色。

用途
常用于街道、公园绿化；耐水湿，也可水边栽植。

分布
原产墨西哥。

适应性强、花色优雅、花姿美丽、栽培容易、养护简单，尤其耐高温能力强。可以弥补我国盛夏季节开花植物少的不足，因此在园林绿化上显示出极其广阔的应用前景。

观赏地
药园、蕨园、热带雨林温室、水生园。

❀ 花期

| 1 | 2 | 3 | 4 | 5 | 6 | 7 | 8 | 9 | 10 | 11 | 12 | 月份 |

🦋 果期

| 1 | 2 | 3 | 4 | 5 | 6 | 7 | 8 | 9 | 10 | 11 | 12 | 月份 |

Terminalia bellirica
(Gaertn.) Roxb.

油榄仁
毗黎勒

使君子科。落叶乔木。树干通直。花不显眼。假核果卵形，密被锈色茸毛，具明显的5棱。春季新叶红色，季相景观非常壮观。

用途

根系发达，抗风能力强，且抗大气污染，是速生用材树种和重要的经济树种之一。在初夏，常可以见到油榄仁的花、果和红叶共存的现象。油榄仁有明显的季相景观，适宜做风景树和行道树。

分布

云南。东南亚和南亚地区也有。

观赏地

岭南郊野山花区、生物园、百果园。

❀ 花期

| 1 | 2 | 3 | 4 | 5 | 6 | 7 | 8 | 9 | 10 | 11 | 12 | 月份 |

🐝 果期

| 1 | 2 | 3 | 4 | 5 | 6 | 7 | 8 | 9 | 10 | 11 | 12 | 月份 |

🍁 变叶期

| 1 | 2 | 3 | 4 | 5 | 6 | 7 | 8 | 9 | 10 | 11 | 12 | 月份 |

不仅是优良的园林观赏植物，也是很好的药用植物，其果实为印度著名传统名药 Triphala 成分之一，在我国西藏也是一种有名的藏药。据《唐本草》记载，果实性苦寒，主治风虚热气。种仁含油量高达40%以上。

Senna bicapsularis
(L.) Roxb.

双荚决明

双荚槐
金叶黄槐
金边黄槐

苏木科。直立灌木。偶数羽状复叶有小叶 3～5 对，基部一对小叶间具黑褐色腺体 1 枚。总状花序顶生，花鲜黄色。荚果圆柱状，内有两排黑褐色种子。

用途
树姿优美，花色艳丽，花期长，同时具有防尘、防烟雾的作用，适宜在植物园、公园、校园、厂区或城市道路作灌木配置。

分布
原产美洲热带地区，现广布于全世界热带地区。广东、广西有栽培。

观赏地
檀香园、木本花卉园、广州第一村和生物园。

❀ 花期

🍃 果期

荚果常 2 个一组，悬挂于枝顶，故名双荚决明。所在决明属植物约 600 种，分布于热带、亚热带和温带地区，中国原产约 10 余种，广布各地，其中有些为很好的绿肥植物和覆盖植物，如山扁豆（*S. mimosoides*）；有些入药，如野扁豆（*S. occidentalis*）和决明（*S. tora*）等，引入栽培观赏的约 10 种左右，其中最常见的是黄槐决明（*S. surattensis* Burm. F）。

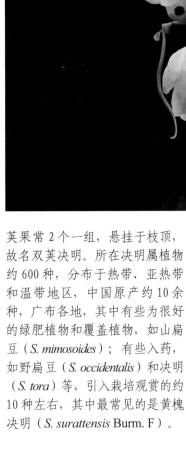

Alstonia scholaris
(L.) R. Br.

糖胶树

灯台树
面条树
黑板树
印度魔鬼树
盆架树

夹竹桃科。乔木。主干挺直，大枝水平轮生，具乳汁。叶3～10片轮生，倒卵形，侧脉密生而平行。聚伞花序顶生，稠密；花冠高脚碟状，裂片在花蕾时或裂片基部向左覆盖。

用途
树形美观，广东和台湾等地常作行道树或园景树。根和树皮可作药用，治腹泻、疟疾、慢性支气管炎，也是退热药。

分布
广西、云南。印度、尼泊尔、缅甸、泰国、越南、印度尼西亚、马来西亚、菲律宾、澳大利亚等地也有。

观赏地
木本花卉区、澳洲园、药园。

❀ 花期

1	2	3	4	5	6	7	8	9	10	11	12	月份

🌰 果期

1	2	3	4	5	6	7	8	9	10	11	12	月份

因其树汁经加工可制作香口胶，故称"糖胶树"；木材是制作黑板的材料，故被称为"黑板树"；又因其果实像一条条细长的面条，结果时千丝万缕地挂满枝头，故又称"面条树"。

Desmos chinensis Lour.

假鹰爪

一串珠
鸡爪风
酒饼叶

番荔枝科。直立或攀缘灌木。花芳香，花瓣两轮，花色由绿转黄白色，花型似鹰爪。果序呈念珠状，初时绿色，成熟后变为红色或紫红色。

用途

株形美观，花果俱佳，是一种理想的庭园绿化植物。根、叶供药用，可治风湿痛、跌打扭伤、肠胃积气等。海南民间用其叶来制酒饼，故有"酒饼叶"之称。

分布

广东、海南、广西、云南、贵州等省区。

观赏地

热带雨林温室、木本花卉区、广州第一村、蒲岗自然保护区。

【宋】王十朋《鹰爪花》诗曰："谁把名鹰爪，天然状不殊，无心事搏击，中有鸟相呼。"大多数番荔枝科植物的花都有一个特殊的结构，称为"传粉室"。传粉室是由外轮花瓣或内轮花瓣或两轮在花中央的位置形成的一个空间结构，一方面保护花器官不受到外界破坏，同时也是昆虫的避难、交配和产卵场所，吸引昆虫为其传粉。假鹰爪的传粉室有4个传粉孔，3个位于内轮花瓣每两个花瓣之间，1个位于传粉室顶端。在花成熟时，传粉孔会打开，方便昆虫进去。

🌼 花期

| 1 | 2 | 3 | 4 | 5 | 6 | 7 | 8 | 9 | 10 | 11 | 12 | 月份 |

🐝 果期

| 1 | 2 | 3 | 4 | 5 | 6 | 7 | 8 | 9 | 10 | 11 | 12 | 月份 |

Theobroma cacao L.

可可

梧桐科。常绿乔木,树冠繁茂,叶宽阔。花簇生于枝干上,白色;花萼粉红色,花瓣淡黄色;退化雄蕊线状;发育雄蕊与花瓣对生。核果初为淡绿色,后变为深黄色或近于红色,干燥后为褐色;果皮厚,肉质,干燥后硬如木质;种子卵形,稍压扁状,无胚乳。

用途
与咖啡和茶并称世界三大饮料植物,可作饮料和巧克力糖。

分布
原产南美,广泛种植于非洲、东南亚和拉丁美洲热带地区。海南、广东和云南(南部)有栽培,生长良好。

观赏地
热带雨林温室、奇异植物室

❀ 花期

| 1 | 2 | 3 | 4 | 5 | 6 | 7 | 8 | 9 | 10 | 11 | 12 | 月份 |

🐝 果期

| 1 | 2 | 3 | 4 | 5 | 6 | 7 | 8 | 9 | 10 | 11 | 12 | 月份 |

美洲玛雅人利用可可的历史悠久。第一批邂逅可可的欧洲人是公元1512年哥伦布及其船员。欧洲人对于巧克力饮料的最早认知源于公元1519年西班牙人发现 Aztec 帝国消耗大量的可可饮料。公元1544年可可豆和其他农产品被引进到西班牙,后来传播到法国、英国和西欧其他国家。为满足对可可饮料的巨大需求,法国在加勒比海设立了可可种植园,西班牙在委内瑞拉和菲律宾建立可可种植园。公元1753年林奈正式为可可命名,属名 Theobroma 源于希腊语,意即“神的食物”,种加词 cacao 源于土著古雅玛语 kakaw。

Cerbera manghas L.

海杕果

黄金茄
牛心荔

夹竹桃科。乔木。叶互生，厚纸质。聚伞花序顶生，花冠高脚碟状，花冠裂片的颜色由外向中心呈雪白、淡红、黄多种颜色递进，构成美丽迷人的"花中花"图案。果实阔卵形或球形，成熟时橙黄色。

用途
海杕果花多，美丽而芳香，叶深绿色，树冠美观，可作庭园、公园、道路绿化和海岸防潮树种。台湾用作行道树。

分布
海南、广东、广西和台湾等地。热带亚洲、大洋洲有分布。

观赏地
药园、广州第一村、热带雨林温室、稀树草坪、能源园。

❀ 花期

| 1 | 2 | 3 | 4 | 5 | 6 | 7 | 8 | 9 | 10 | 11 | 12 | 月份 |

🦋 果期

| 1 | 2 | 3 | 4 | 5 | 6 | 7 | 8 | 9 | 10 | 11 | 12 | 月份 |

因果实像芒果而得名。其茎、叶、果均有剧毒的白色乳汁，误食能中毒致死，半颗果实足以使人致命。树皮、叶、乳汁能制药，有催吐、下泻等功效，但用量需慎重。

Hoya multiflora
Blume

流星球兰
蜂出巢

英文名 Shooting Star Hoya，花朵形状奇特，与其他球兰差异较大。因副花冠基部延生角状长距，成流星状射出，好似蜂群倾巢而出，因此得名，其花语是"瞬间的美丽"。幼株呈灌木状，枝条伸长后，会逐渐呈蔓藤状四散生长，是球兰中为数不多的直立品种。全年开花，每花序上花朵众多，种加词 multiflora 即是多花的意思。

萝藦科。灌木。聚伞花序着花 15 ~ 25 朵；花冠黄白色，5 深裂，开放后强度反折，副花冠 5 裂，基部延生角状长距。盛开时犹如流星划过天际，又似万蜂出巢，动感十足。

用途
可盆栽观赏，或点缀于墙上、枯木上，又可植于庭园水旁、林缘等地美化环境。

分布
云南、广西和东南亚。

观赏地
奇异植物室。

❀ 花期

| 1 | 2 | 3 | 4 | 5 | 6 | 7 | 8 | 9 | 10 | 11 | 12 | 月份 |

Agave desmettiana
'Variegata'

金边礼美龙舌兰

龙舌兰科。多年生常绿草本。叶莲座状，肥厚饱满，灰绿色，叶缘有金色条纹。花葶高可达2～3m，一团团花从花葶下端往上开，浅黄色，多达数百朵，颇有气势。

用途
茎中储存有大量蜜汁，可用于酿酒。同时它也是观赏性很高的园艺品种。

分布
原产美洲热带地区。

观赏地
沙漠植物室、奇异植物室。种植20年左右开花，花期持续1年半左右，然后植株死亡。

🌸 花期

开花时粗壮的花葶从莲座状叶的中心抽出，像雨后春笋突然冒出来，刚劲挺拔，剑指蓝天，生长迅速，但开花过程漫长，花芽从花茎上抽出到开花要一个多月的时间。龙舌兰科植物的这种开花过程往往消耗掉植株巨大的能量，有些植株花后会慢慢枯死。为了保证植物株成活，在花落之后应及时将花葶割掉，减少能量消耗，同时加强肥水管理以促进植株的恢复。金边礼美龙舌兰的茎里储存有大量蜜汁，可用于酿酒，墨西哥的国酒Tequila又称"特基拉酒"，香味独特，是闻名世界的龙舌兰酒。

Plectranthus ecklonii 'Mona Lavender'

特丽莎香茶菜

紫凤凰
梦娜薰衣草
梦娜紫

特丽莎香茶菜是由南非科斯坦堡国家植物园的园艺家 Roger Jaques 在 20 世纪 90 年代末期杂交育成的新兴观赏植物，Lavender 指花朵颜色像薰衣草般淡紫色，花形也像薰衣草。

唇形科。多年生草本。叶对生，叶背紫色，叶脉及叶缘密生茸毛。花为掺杂紫色斑点的唇形花，3～6 朵成串水平开在花茎上，花冠筒扁条状，串串紫花颇有迷离梦幻的感觉。

用途
全年不定期开花，在非热带地区能温室培养观赏或作夏季花境的时花、盆栽观赏使用，在热带地区可以作花坛、景观美化使用。

分布
原产南非。

观赏地
药园、热带雨林温室。

❀ 花期

| 1 | 2 | 3 | 4 | 5 | 6 | 7 | 8 | 9 | 10 | 11 | 12 | 月份 |

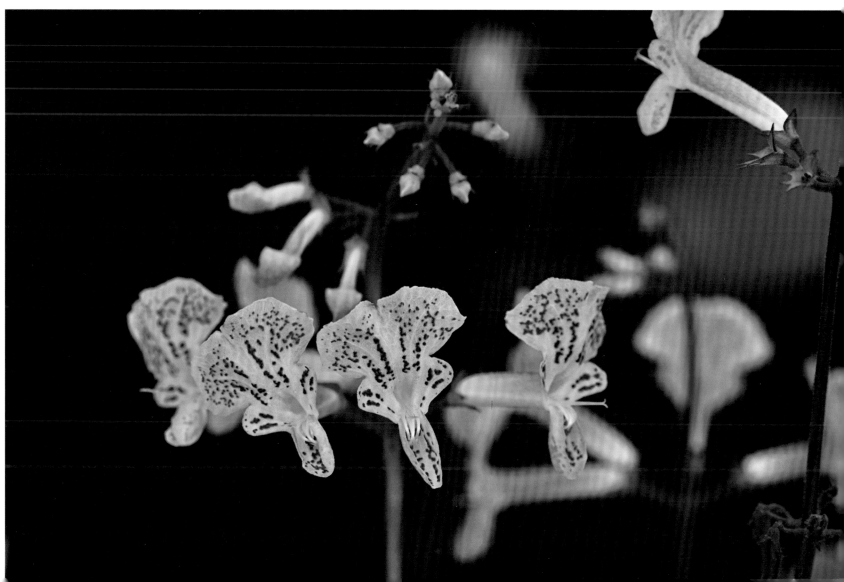

Jatropha integerrima Jacq.

琴叶珊瑚

日日樱

大戟科。常绿灌木。叶互生，叶形似提琴。花单性，聚生枝头；花色鲜红，花瓣5枚；四季常开不断。

用途
优良热带园林观花植物。

分布
原产地为西印度群岛，现广东、广西、福建、海南等省有引种栽培。

观赏地
奇异植物室、热带雨林温室、岭南郊野山花区、木本花卉区。

❀ 花期

| 1 | 2 | 3 | 4 | 5 | 6 | 7 | 8 | 9 | 10 | 11 | 12 | 月份 |

因开花时灿烂美丽，且花期长，四季花开不断，故名为日日樱。由南洋引进，又称南洋樱。植株乳汁有毒，会引皮肤发炎，起水泡或脓疱，对眼睛也有毒害，家畜误食叶片会引起口腔起泡，急救方法是催吐、用水清洗。

Vriesea imperialis
Carrière

帝王凤梨

为凤梨科地生凤梨中的巨型种类。已濒临灭绝，属稀有种。观赏类凤梨最为人赞叹的"花"其实是其苞片，大多颜色艳丽，观赏期长达数月。花序从叶丛中央抽出，有对称的花萼和花瓣。喜高温，越冬温度一般须在10℃以上。

凤梨科。多年生常绿草本，株高可达1.5m。叶基生，莲座状排列，叶片宽带形，背面红色，雨水沿叶面流入由叶鞘形成的贮水器中。

用途
株形粗壮，叶丛美丽，花序挺拔，鲜艳夺目，适于园林绿化观赏。

分布
原产巴西里约热内卢。

观赏地
奇异植物室。

观叶

| 1 | 2 | 3 | 4 | 5 | 6 | 7 | 8 | 9 | 10 | 11 | 12 | 月份 |

Raphia vinifera P. Beauv.

象鼻棕
酒椰

棕榈科。茎单生，乔木状，高可达 12 m。叶羽状全裂。花序腋生，长短不一，长 1 ~ 4 m，自然下垂，下端略向内弯曲，颇似大象的鼻子，故得名。果实长卵形，有覆瓦状鳞片，成熟需 1 年半时间。

用途
花轴汁液可制酒、制糖。叶纤维可用作加工制工艺用品。果仁亦可制作工艺品。

分布
原产西非。

华南植物园 1956 年从西双版纳引种，植株于 2014 年 2 月第一次开花。象鼻棕为"一次性开花结果"的植物，经过一个开花结果周期后（通常数年），叶片逐渐枯萎直至全株死亡。

观赏地
棕榈园

 观叶

| 1 | 2 | 3 | 4 | 5 | 6 | 7 | 8 | 9 | 10 | 11 | 12 | 月份 |

Melocanna humilis
Kurz

小梨竹

禾本科。浆果，果实大型，呈梨形，先端具长而弯曲之喙。果皮坚硬肉质，多汁液，直径3～5cm。

用途
竿为上等造纸原料，劈篾可供编织，竹叶可酿酒，果可食。

分布
原产印度、孟加拉和巴基斯坦等地。广东、广西、台湾有栽培。

观赏地
小竹园、竹园

↓观叶

| 1 | 2 | 3 | 4 | 5 | 6 | 7 | 8 | 9 | 10 | 11 | 12 | 月份 |

小梨竹以胎生方式繁殖。种子在母株上生根萌芽，然后从母株上脱落，继而长成小苗，母株则死亡。1950年代由印度尼西亚爱国华侨赠送，引种至华南植物园，经过40多年精心栽培，于2005年4月首次开花结果。

【晋】戴凯之著于公元4世纪的《竹谱》是世界上最早的植物专谱，记述了竹的性状和70多个竹的品种。

陈封怀诗选

无 题

竹影听泉水潺潺，红花绿树阵阵香。
月门透出园中景，隔墙仰望白云山。
野树丛林有生趣，不求阁榭迷楼台。
辛勤培育千万种，园林毕竟是课堂。

——有感植物园建设形式与内容
一九八二年元旦

贺华南植物所园六十周年

百年树木始成林，所园建成六十春。
坎坷岁月成大业，所园结合映画屏。
相互分工各自作，鱼水相连创发新。
各有所长来表现，嫦娥鬓发美成名。
牡丹依靠枝叶茂，人杰地灵有信心。
科研成就非朝夕，诗到今日花果成。
欲望高攀千里目，展望前途听佳音。

诗歌笔墨话园林

天空日月出中华，锦绣山河映菲芳。
春风雨露云和雪，育出琪珍万朵花。
丹青色彩文人画，诗人题句度生涯。
世人誉我园林母，不愧名花在我家。
一枝横斜梅香味，胭脂红艳照晚霞。
水出婵娟汗不染，赏荷鸟语弄琵琶。
节过重阳蝉声绝，松柏长寿听松涛。
冬来围炉看雪景，欣赏一盆水仙花。

——寥寥数语贺俊愉教授园林事业
一九八六年九月十八日

科学家之家

南国风光四季花，鸟语芳香送晚霞。
园林浅草篱边菊，几间小筑科学家。

竹

篁竹婆娑趣，伴石更生情。
内虚外坚硬，四季绿常春。

岭南篱菊

朔风吹衰柳，秋水侵残莲。
悠悠几丛菊，亭亭出阶前。

菊

节过重阳百花残，秋风飒飒草木衰。
落叶纷纷堪寂寞，篱过黄菊分外香。

题荷花自画

池塘风止静涟涟，彩黛亭亭出荷莲。
污泥育出芙蓉貌，清香出浊有根源。

题蕙兰

蕙兰生在幽谷深，借得东风送香芬。
连在心中不同味，隔离阵阵得香馨。

水仙花

金盘银盏叶生根，凌波美貌意有情。
海外飞来成故土，相亲相爱一家人。

参考文献

[1] 陈封怀 主编．新花镜．广州：科学普及出版社广州分社，1982.

[2]（清）汪灏 等 编著．广群芳谱．长春：吉林出版社，2005.

[3] 中国科学院中国植物志编辑委员会 主编．中国植物志．北京：科学出版社，1959-2004.

[4] Wu Zhengyi（吴征镒），Peter H. Raven & Hong Deyuan（洪德元）. Flora of China. Science Press, Beijing & Missouri Botanical Garden Press. 1998-2013.

[5] http://tropicos.org

中文名索引
Index to Chinese Names

拉丁名索引
Index to Scientific Names

序号	1	2	3	4	5	6	7	8	9	10	11	12	13	14	15	16	17	18	19	20	21	22	23	24	25	26	27	28	29	30	31	32	33	34	35	36	37	38	39	40	41	42	43	44	45	46	47	48	49	50	51	52	53	54
植物名	红花高盆樱花	广宁红花油茶	鹤望兰	南板蓝根	风铃草	大树芦荟	鬼切芦荟	红花荷	秤星树	象牙虎头兰	炮仗花	非洲芙蓉	金花茶	大果咖啡	椭圆叶木蓝	云南黄素馨	蛇王藤	金合欢	厚叶石斑木	亮叶木莲	茶梨	二乔玉兰	石斑木	石海椒	橙黄银桦	映山红	禾雀花	常春油麻藤	升振山姜	马缨杜鹃	神秘果	火烧花	富红蝎尾蕉	金银莲花	广东含笑	金莲木	皱叶山姜	木奶果	洋蒲桃	咖喱树	琼棕	小果咖啡	尖叶杜英	清明花	黄花风铃木	宫粉羊蹄甲	槟榔	弯子木	长柄银叶树	桃	虾子花	红花隔距兰	独占春	紫玉盘
1月	■	■	■	■	■	■	■	■	■	■	■	■	■	▨																																								
2月	■	■	■	■	■	■	■	■	■	■	■	■	■	▨	■	■	■	■	■	■	■	■	■	■	■	■	■	■	■	■	■	■	■	■																				
3月	■	■	■	■	■	■	■	▨	■	■	■	■	■	■	■	■	■	■	■	■	■	■	■	■	■	■	■	■	■	■	■	■	■	■	■	■	■	■	■	■	■	■	■	■	▨	■	▨	▨	■	■	■	■	■	■
4月							■	■	■	■	■	■	■	■	■	■	■	■	■	■	■		■	■	■	■	■	■	■	■	■	▨	■	■	■	■	■	■	■	■	■	■	■	■	■	■	■	▨	■	■	■	■	■	■
5月													■	■																	■		■																					
6月														■																			■																					
7月														■																			■																					
8月																																	■																					
9月																																	■																					
10月																																	■																					
11月																																																						
12月																																																						

序号	植物名
55	锦绣杜鹃
56	油桐
57	千年桐
58	翡翠葛
59	澳洲米花
60	木棉
61	大叶斑鸠菊
62	黄海桐花
63	三叶藤橘
64	小尤第木
65	海南苏铁
66	中国无忧花
67	龟纹木棉
68	鼓槌石斛
69	喜花草
70	亚马逊王莲
71	台湾鱼木
72	刺桐
73	两面针
74	五月茶
75	益智
76	大花五桠果
77	人面子
78	小蜡
79	鹤顶兰
80	红鸡蛋花
81	粉菠萝
82	玫瑰麒麟
83	朱顶红
84	黄时钟花
85	韭莲
86	金杯花
87	异叶石龙尾
88	吊灯扶桑
89	玉叶金花
90	臭茉莉
91	文定果
92	色萼花
93	南方荩蓬
94	带叶兜兰
95	金丝桃
96	巴西鸢尾
97	澳洲苏铁
98	燕子花
99	毛稔
100	疣柄魔芋
101	大黄栀子
102	洋玉叶金花
103	广西过路黄
104	蝶花荚蒾
105	喙荚云实
106	楠藤

月份：1月、2月、3月、4月、5月、6月、7月、8月、9月、10月、11月、12月

序号	107	108	109	110	111	112	113	114	115	116	117	118	119	120	121	122	123	124	125	126	127	128	129	130	131	132	133	134	135	136	137	138	139	140	141	142	143	144	145	146	147	148	149	150	151	152	153	154
植物名	火焰木	血桐	云南石梓	铜盆花	矮紫金牛	桃金娘	金樱子	短萼仪花	盖裂木	吊瓜树	云南拟单性木兰	蛋黄果	金银花	球兰	桂南山姜	香荚兰	郁金	玫瑰木	面包树	首冠藤	鸡冠刺桐	降香黄檀	倒挂金钟	萍蓬草	老虎须	泰国倒吊笔	云南蕊木	铁西瓜	鸳鸯茉莉	粗栀子	花叶假连翘	苏里南朱樱花	棉叶珊瑚	珊瑚藤	红花蕊木	大花紫玉盘	软枝黄蝉	宝塔闭鞘姜	德保苏铁	马来蒲桃	大果木莲	水石榕	长柱核果茶	东京油楠	青梅	灰莉	莼菜	粉花决明
1月																																																
2月																																																
3月																																																

（表格内各植物花期以深色／浅色方格标示于4月—12月各行中）

序号	155	156	157	158	159	160	161	162	163	164	165	166	167	168	169	170	171	172	173	174	175	176	177	178	179	180	181	182	183	184	185	186	187	188	189	190	191	192	193	194	195	196	197	198	199	200	201	202
植物名	垂枝无忧树	蓝花楹	大果核果茶	曼陀罗	牛角瓜	多花指甲兰	瓷玫瑰	东京桐	凤凰木	聚石斛	乌桕	石栗	地菍	砂糖椰子	山菅兰	百子莲	栀子	梭果玉蕊	长穗猫尾草	银毛野牡丹	五节芒	绣球	大叶紫薇	水蜡烛	毛脉树胡椒	钝叶鸡蛋花	水罂粟	文雀西亚木	菜豆树	星果藤	鸡蛋花	马利筋	梭鱼草	金嘴蝎尾蕉	洋红西番莲	橙红羊蹄甲	纹瓣悬铃花	剑叶三宝木	异叶三宝木	蓝花丹	紫苞芭蕉	黄花夹竹桃	岩河锦葵	猩猩草	麻疯树	红火炬蝎尾蕉	炮弹树	使君子
1月																																																
2月																																																
3月																																																
4月																																																
5月																																																
6月																																																
7月																																																
8月																																																
9月																																																
10月																																																
11月																																																
12月																																																

序号	203	204	205	206	207	208	209	210	211	212	213	214	215	216	217	218	219	220	221	222	223	224	225	226	227	228	229	230	231	232	233	234	235	236	237	238	239	240	241	242	243	244	245	246	247	248	249	250
植物名	黄花夜香树	扭肚藤	赪桐	臭牡丹	蒜香藤	水瓜栗	红花玉蕊	阿江榄仁	腊肠树	坡垒	红千层	爪哇决明	睡莲	黄花狸藻	口红花	大花茄	红纸扇	水团花	炮仗竹	木槿	荷花	木鳖子	红木	野鸦椿	紫薇	桂叶黄梅	紫叶狼尾草	粉美人蕉	千屈菜	美红剑	佛肚树	杜鹃红山茶	龙吐珠	巨花马兜铃	红花文殊兰	马鞍藤	红花玉芙蓉	吊金钱	大花犀角	黄虾花	大花老鸦嘴	红球姜	红蝉花	龙船花	阔叶十大功劳	白金汉木	海南龙血树	高红槿
1月																																																
2月																																																
3月																																																
4月																																																
5月																																																
6月																																																
7月																																																
8月																																																
9月																																																
10月																																																
11月																																																
12月																																																

序号	251	252	253	254	255	256	257	258	259	260	261	262	263	264	265	266	267	268	269	270	271	272	273	274	275	276	277	278	279	280	281	282	283	284	285	286	287	288	289	290	291	292	293	294	295	296	297	298
植物名	马兜铃	雨久花	薰衣草	闭鞘姜	海南椴	葱莲	海南红豆	黄花蔺	肖蒲桃	射干	紫瓶子花	金英	千果榄仁	草珊瑚	鸡血藤	铁刀木	多花紫薇	毛萼紫薇	吊灯花	美丽异木棉	木芙蓉	黄花石蒜	复羽叶栾树	樟叶槿	桂花	花叶芦竹	黄钟花	黄槐	洋金凤	红皮糙果茶	美丽枕果榕	垂花悬铃花	猫须草	叉叶木	朱砂根	铁冬青	落羽杉	枫香	粉叶金花	艳赪桐	铁海棠	越南抱茎茶	垂茉莉	红花羊蹄甲	地涌金莲	气球果	翅荚决明	旅人蕉
1月																																																
2月																																																
3月																																																
4月																																																
5月																																																
6月																																																
7月																																																
8月																																																
9月																																																
10月																																																
11月																																																
12月																																																

序号	299	300	301	302	303	304	305	306	307	308	309	310	311	312	313	314	315	316	317	318	319	320	321	322	323	324	325
植物名	虎颜花	烟斗马兜铃	悉尼火百合	跳舞女郎	金蒲桃	沙漠玫瑰	巴西野牡丹	大花鸳鸯茉莉	茉莉花	美国凌霄	紫绣球	红尾铁苋	美人蕉	蓝花草	油橄榄仁	双荚决明	糖胶树	假鹰爪	可可	海芒果	流星球兰	金边礼美龙舌兰	特丽莎香茶菜	琴叶珊瑚	帝王凤梨	象鼻棕	小梨竹
1月																											
2月																											
3月																											
4月																											
5月																											
6月																											
7月																											
8月																											
9月																											
10月																											
11月																											
12月																											

图 示

观花 (Flowering)	■
观花 / 观果 (Flowering/Fruiting)	
观果 (Fruiting)	
观叶 (Foliage)	
红叶 (Red leaves)	

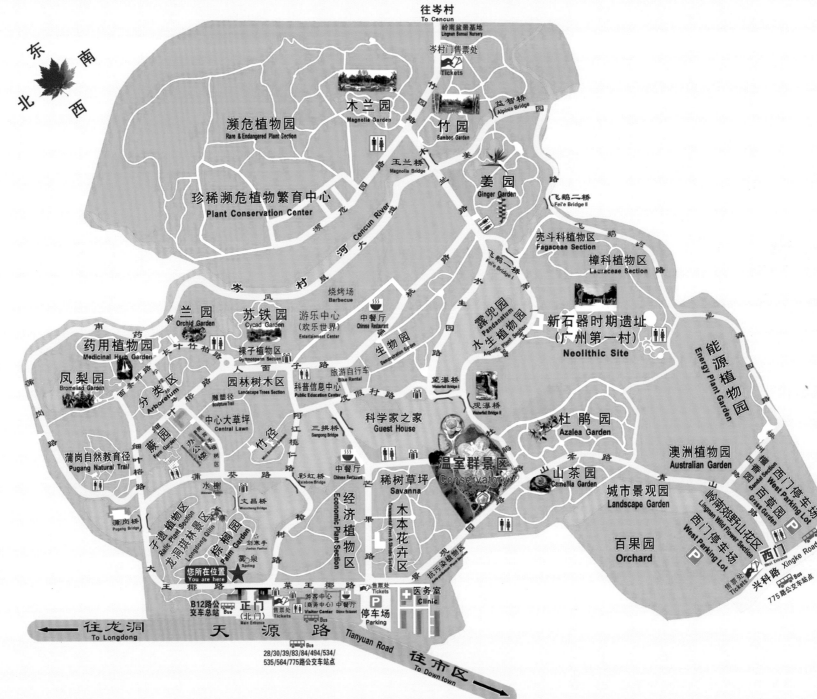

图书在版编目（CIP）数据

新花镜：琪林瑶华 / 黄宏文主编 . -- 武汉：华中科技大学出版社，2015.2

ISBN 978-7-5680-0673-6

Ⅰ . ①新… Ⅱ . ①黄… Ⅲ . ①观赏园艺 – 中国 – 图集… Ⅳ . ① S68-64

中国版本图书馆 CIP 数据核字 (2015) 第 044247 号

新花镜：琪林瑶华

黄宏文　主编

出版发行：华中科技大学出版社（中国·武汉）

地　　址：武汉市武昌珞喻路 1037 号（邮编：430074）

出 版 人：阮海洪

策划编辑：王　斌　　　　　　　　　　　　　　　责任监印：张贵君

责任编辑：吴文静　　　　　　　　　　　　　　　装帧设计：百彤文化

印　　刷：广州市人杰彩印厂

开　　本：965 mm × 1270 mm　1/16

印　　张：22

字　　数：300 千字

版　　次：2015 年 5 月第 1 版　第 1 次印刷

定　　价：258.00 元（USD 51.99）

投稿热线：（020）66636689　　342855430@qq.com

本书若有印装质量问题，请向出版社营销中心调换

全国免费服务热线：400-6679-118 竭诚为您服务